SEASONING

调味料
大百科

数以百计的调味料，一本在手条缕分明！

完整收录
- 3大类
- 涵盖全球产地品种

循序渐进
- 使用132款调味料
- 调制80种实用酱汁
- 烹调88道料理

黄经典　王陈哲◎著

海峡出版发行集团　福建科学技术出版社
THE STRAITS PUBLISHING & DISTRIBUTING GROUP　FUJIAN SCIENCE & TECHNOLOGY PUBLISHING HOUSE

著作权合同登记号：图字 132019026 号

本著作中文简体版通过成都天鸢文化传播有限公司代理，经日日幸福事业有限公司授权福建科学技术出版社有限责任公司独家出版发行。任何人非经书面同意，不得以任何形式，任意重制转载。本著作限于中国大陆地区发行。

图书在版编目（CIP）数据

调味料大百科 / 黄经典，王陈哲著 . —福州：福建科学技术出版社，2022.9
ISBN 978-7-5335-6741-5

Ⅰ . ①调… Ⅱ . ①黄… ②王… Ⅲ . ①调味料 – 基本知识 Ⅳ . ① TS264

中国版本图书馆 CIP 数据核字 (2022) 第 079698 号

———

书　　名	调味料大百科	
著　　者	黄经典　王陈哲	
出版发行	福建科学技术出版社	
社　　址	福州市东水路 76 号（邮编 350001）	
网　　址	www.fjstp.com	
经　　销	福建新华发行（集团）有限责任公司	
印　　刷	福建新华联合印务集团有限公司	
开　　本	700 毫米 ×1000 毫米　1 / 16	
印　　张	21	
图　　文	336 码	
版　　次	2022 年 9 月第 1 版	
印　　次	2022 年 9 月第 1 次印刷	
书　　号	ISBN 978-7-5335-6741-5	
定　　价	80.00 元	

书中如有印装质量问题，可直接向本社调换

适当调味能活化食材，成就餐桌上的佳肴！

这本书是一本涵盖广泛的调味料百科全书，汇集日常烹调会使用到的各种调味料，同时也将所有调味料加以调制成不同风味的酱汁或酱料，并且运用于大家熟悉的佳肴。书中也分享各种调味料的挑选原则，以及调味料开封前、开封后的理想保存方式。

厨房与餐桌上总是少不了各式风味与功能的调味料，缺乏调味料不仅食物少了各种滋味，同时享用美食的乐趣也将大打折扣。"调味"是所有食物美味的命脉，不同食材也因为结合不一样的调味料，才得以展现出丰富万变的味道与口感。"适当调味才能活化食材，使之成为餐桌上的佳肴"，调味看似简单却充满多元多层次的学问与细节，譬如一道料理调味适当则更显美味可口，但如果调味过头，则会让食用者退避三舍，无论太咸、过甜、太辣或过酸，都会令人难以下咽，正所谓过犹不及。反之若调味上保守而仅是蜻蜓点水，将让食物美中不足，令品尝者感到淡而无味，所谓"食之无味，弃之可惜"正是如此。由此可见"调味"确实为料理美味之关键。

在这本书中，我和陈哲主厨将示范中、西、日、韩及东南亚各地的风味酱汁，这些皆是你我熟悉且喜爱的滋味，无论是异国风味的椒麻鸡酱、黑胡椒酱、韩式炸鸡酱、照烧酱、白酒奶油酱、咸焦糖酱等；或是中式风味的三杯酱、黄金泡菜酱、广式香葱酱、糖醋酱等，肯定皆是令人垂涎三尺的美味酱汁。学会这些酱汁，并且将其应用于每道佳肴与点心中，将让您同时成为调味料专家、懂得运用酱汁食谱的大主厨。

在此，特别感谢合著本书的搭档、金牌主厨王陈哲师傅，以及所有热情推荐的先进们，以及协助拍摄食谱的健行科技大学餐旅系何承峰与谢祖安同学，本书还在主编小燕严谨把关和赞助厂商全力协助中，得以顺利完成！

健行科技大学餐旅管理系 专技助理教授

作者序 2

调味料知识与烹调技巧一次到位，
摇身变成料理达人！

完成这一书，首先特别感谢日日幸福出版社，让我参与这本书的写作，借由这次出版也让个人增进对调味料的认识、延伸不同料理更广泛的可能性，并且结合当季蔬果及厨师好友的建议，自己也尝试更多不同调味料与食材的搭配并碰撞出美妙好滋味，创造不同以往的新感受。

除了料理示范之外，书中也详细介绍市面上常见的调味料的内容物、制作过程、挑选和保存方式，进而有助调制出适合的风味酱、烹调各国经典料理，再通过配方、步骤图，可以让喜欢美味、喜欢做菜的朋友们的调味料知识与烹调技巧一次到位，有机会摇身变成做菜达人，调味料运用自如。

陈哲的厨艺是将学校教育与老一辈厨师的经验结合："学校主要是训练基本刀工、火候，并且注重安全和卫生；而老一辈师傅在意的是菜要如何煮才会好吃"。如果经过学校教育后，愿意再跟着老师傅们学习手艺，结合实战经验，厨艺将可大幅精进，这也是我综合两方面的学习历程后得到的经验。

第一次与日日幸福出版社共同携手著作，深深感受到编辑团队的用心和专业，每一个环节皆是精雕细琢，设身处地从读者的角度构思与编撰，总算克服了各种难关，在此向主编小燕姐以及摄影师周祯和的专业致上最高的敬意，同时也感谢各家厂商的全力支持，以及推荐本书的名师名厨与名人们。

最后，感谢邀请我一起合著的最佳搭档、金牌主厨黄经典教授的协助与合作，以及 727 海鲜餐厅江胜华行政主厨、奇真美食会馆张哲耀特助、东泰高级中学餐饮科蔡敬修教师、大白鲨海产餐厅黄伟伦厨师在食谱料理现场拍摄时进行的准备与协助，让这本调味料百科能够呈现最佳的品质在大家眼前！

金帝王婚宴会馆 行政主厨

Contents
目　录

作者序　1　健行科技大学餐旅管理系专技助理教授　黄经典 ———— 3
作者序　2　金帝王婚宴会馆行政主厨　王陈哲 ———— 4

附　录　**市售方便酱料＆人工调味料** ———— 326
索　引　**调味料与相关料理一览表** ———— 332

Foreword　前言

调味料重点＆烹调诀窍

简易辨别、安心选购调味料 ———— 14

学会瓶罐煮沸和酱汁保存 ———— 16

厨房必备锅具和工具 ———— 17

正确称量做出完美料理 ———— 21

判断油温、火候不能马虎 ———— 22

选对烹调法，料理更加分 ———— 24

天然高汤提升佳肴美味 ———— 25

编者注：本书由台湾地区厨师作者写作，因此书中例举的产品图片中很多是当地采买的产品，但书中对调味料的各知识内容是通用的，读者可应用于自己方便买到的产品以及日常生活中。

Part 1

基本调味料

基本调味料种类和保存　32

糖 ———————— 32
· 细砂糖、黄砂糖、冰糖、红糖、方糖、绵白糖、蜂蜜、麦芽糖、玉米糖浆、果糖、高果糖浆、枫糖、葡萄糖、葡萄糖浆、转化糖浆

盐 ———————— 36
· 精盐、低钠盐、海盐、玫瑰盐、夏威夷火山盐、石盐、湖盐、盐之花、犹太盐

油 ———————— 39
· 猪油、牛油、羊油、鸡油、大豆油、橄榄油、芥花油、葵花油、花生油、白芝麻油、黑芝麻油、茶油、葡萄籽油、亚麻油、南瓜子油、椰子油、白油、酥油、黄油

胡椒 ———————— 45
· 黑胡椒、白胡椒、绿胡椒、红胡椒

中药材香料 ———————— 47
· 香料药材、药膳药材

细砂糖 ———————— 50
· 【酱汁】盐焦糖奶油酱 — 51
· 【料理】
  盐焦糖奶油烤布丁 — 52
· 【酱汁】焦糖酱 — 54
· 【料理】焦糖奶酪 — 55

黄砂糖 ———————— 56
· 【酱汁】黄砂糖浆 — 57
· 【料理】红豆豆腐花 — 58
· 【酱汁】酵素糖浆 — 60
· 【料理】四季水果酵素 — 61

冰糖 ———————— 62
· 【酱汁】冰糖醋汁 — 63
· 【料理】冰糖莲藕 — 64
· 【酱汁】冰糖柠檬汁 — 65
· 【料理】柠檬蜜地瓜 — 66

蜂蜜 ———————— 67
· 【酱汁】草莓莎莎酱 — 68
· 【料理】
  酥炸透抽佐草莓莎莎酱 — 69
· 【酱汁】百香果蜜酱 — 70
· 【料理】百香蜜苦瓜 — 71

红糖 ———————— 72
· 【酱汁】姜汁红糖浆 — 73
· 【料理】
  姜汁红糖杏仁豆腐 — 74
· 【料理】姜汁红糖圆汤 — 75

麦芽糖 —— 76
- 【酱汁】大阪烧酱 — 77
- 【料理】和风大阪烧 — 78

盐 —— 79
- 【酱汁】白卤汁 — 80
- 【料理】蛤蜊丝瓜 — 81
- 【酱汁】盐醋汁 — 82
- 【料理】橙香萝卜 — 83
- 【酱汁】香蒜奶油酱 — 84
- 【料理】香蒜奶油面包 — 85

海盐 —— 86
- 【酱汁】八角胡椒海盐 — 87
- 【料理】盐焗鲜虾 — 88

色拉油 —— 89
- 【酱汁】
  葱香油＆葱蒜酥 — 90
- 【料理】葱香油拌面线 — 91
- 【酱汁】塔塔酱 — 92
- 【料理】
  酥炸鲜鱼佐塔塔酱 — 93

茶油 —— 94
- 【酱汁】香蒜苦茶油酱 — 95
- 【料理】
  意式蒜茶油菇炖饭 — 96

香油 —— 98
- 【酱汁】广式香葱酱 — 99
- 【料理】广式香葱鸡 — 100

黑芝麻油 —— 102
- 【酱汁】三杯酱 — 103
- 【料理】三杯鸡 — 104

花椒油 —— 106
- 【酱汁】口水鸡酱 — 107
- 【料理】川味口水鸡 — 108
- 【酱汁】椒麻鸡酱 — 109
- 【料理】椒麻鸡 — 110

辣椒油 —— 111
- 【酱汁】水煮酱汁 — 112
- 【料理】水煮牛肉 — 113

橄榄油 —— 114
- 【酱汁】青酱 — 115
- 【料理】
  青酱蛤蜊意大利面 — 116

葡萄籽油 —— 117
- 【酱汁】
  辣葡萄籽油醋 — 118
- 【料理】
  辣味油醋海鲜沙拉 — 119
- 【料理】
  烤蔬菜佐辣葡萄籽油醋 — 120

白胡椒 —— 121
- 【酱汁】椒盐粉 — 122
- 【料理】椒盐杏鲍菇 — 123

黑胡椒 —— 124
- 【酱汁】香辣番茄酱 — 125
- 【料理】
  香辣番茄鲜虾笔尖面 — 126
- 【酱汁】黑胡椒酱 — 128
- 【料理】黑胡椒猪排 — 129

Part 2

发酵调味料

发酵调味料的种类和保存　132

酱油 ———————— 132
  • 纯酿造酱油、黑豆酱油、
    古早味酱油、壶底油、
    淡色酱油、白酱油、
    老抽、酱油膏、蚝油

醋 ————————— 135
  • 白醋、乌醋、糯米醋、
    果醋、红酒醋、白酒醋、
    巴萨米克醋

酒 ————————— 138
  • 啤酒、清酒、绍兴酒、
    红葡萄酒、白葡萄酒、
    小米酒、味醂、米酒、
    高粱酒、白兰地、
    朗姆酒、威士忌

豆瓣酱 ——————— 142
甜面酱 ——————— 144
豆腐乳 ——————— 144
豆豉 ———————— 145
豆酱 ———————— 145
酒酿 ———————— 145
味噌 ———————— 147

红糟 ———————— 148
鱼露 ———————— 148
虾膏＆虾酱 ————— 149

纯酿酱油 ——————— 150
  •【酱汁】干锅酱汁 —— 151
  •【料理】干锅松板花菜 — 152
  •【料理】干锅松板腰花 — 153

古早味酱油 ————— 154
  •【酱汁】古早味肉燥 — 155
  •【料理】肉燥筒仔米糕 — 156
  •【酱汁】甘露煮汁 —— 158
  •【料理】柳叶鱼甘露煮 — 159

淡色酱油 ——————— 161
  •【酱汁】和风酱汁 —— 162
  •【料理】和风山药细面 — 163
  •【酱汁】蒲烧酱汁 —— 164
  •【料理】蒲烧酱鲷鱼 — 165

酱油膏 ——————— 166
  •【酱汁】家常酱汁 —— 167
  •【料理】家常烧豆腐 — 168

蚝油 ———————— 169
  •【酱汁】蒜泥酱 ——— 170
  •【料理】蒜泥蒸鲜虾 — 171

白醋 ———————— 172
  •【酱汁】韩式醋酱 —— 173
  •【料理】泡菜猪肉煎饼 — 174
  •【酱汁】南蛮司汁 —— 175
  •【料理】鲜鱼南蛮司 — 176

乌醋 —— 177
- 【酱汁】五味酱 —— 178
- 【料理】五味软丝 —— 179

糯米醋 —— 180
- 【酱汁】寿司醋汁 —— 181
- 【料理】日式海苔寿司 —— 182
- 【酱汁】台式泡菜腌汁 —— 184
- 【料理】台式泡菜 —— 185

果醋 —— 186
- 【酱汁】梅子醋汁 —— 187
- 【料理】梅子醋冻 —— 188

白酒醋 —— 189
- 【酱汁】油醋酱 —— 190
- 【料理】油醋酱蔬菜沙拉 —— 191

红酒醋 —— 192
- 【酱汁】凯萨酱 —— 193
- 【料理】凯萨沙拉 —— 194

巴萨米克醋 —— 195
- 【酱汁】巴萨米克红酒酱 —— 196
- 【料理】
  煎牛排佐巴萨米克红酒酱 —— 197

绍兴酒 —— 199
- 【酱汁】绍兴酱汁 —— 200
- 【料理】绍兴醉虾 —— 201

米酒 —— 202
- 【酱汁】照烧酱 —— 203
- 【料理】照烧猪肉丼饭 —— 204
- 【料理】照烧牛肉 —— 205
- 【酱汁】凤梨树子酱 —— 206
- 【料理】树子蒸鲜鱼 —— 207

- 【酱汁】药膳酱汁 —— 208
- 【料理】药炖排骨汤 —— 209

高粱酒 —— 210
- 【酱汁】咸腌酱 —— 211
- 【料理】马告咸猪肉 —— 212

啤酒 —— 213
- 【酱汁】啤酒腌汁 —— 214
- 【料理】啤酒猪脚 —— 215

清酒 —— 216
- 【酱汁】蜜番茄汁 —— 217
- 【料理】梅汁蜜番茄 —— 218

朗姆酒 —— 219
- 【酱汁】橙香朗姆酒酱 —— 220
- 【料理】
  法式薄饼佐橙香朗姆酒酱 —— 221

白葡萄酒 —— 223
- 【酱汁】白酒奶油酱 —— 224
- 【料理】
  焗烤奶油海鲜炖饭 —— 225

红葡萄酒 —— 227
- 【酱汁】红酒蜜汁 —— 228
- 【料理】红酒蜜梨莎碧 —— 229

味醂 —— 230
- 【酱汁】日式凉面酱汁 —— 231
- 【料理】和风意式凉面 —— 232
- 【酱汁】酱烧腐乳汁 —— 234
- 【料理】酱烧焖笋 —— 235

豆瓣酱 —— 236
- 【酱汁】鱼香酱 —— 237
- 【料理】鱼香茄子 —— 238

甜面酱 ——— **239**
- 【酱汁】炸酱 ——— 240
- 【料理】炸酱面 ——— 241

豆腐乳 ——— **242**
- 【酱汁】黄金泡菜酱汁 ——— 243
- 【料理】黄金泡菜 ——— 244

豆豉 ——— **245**
- 【酱汁】豆豉酱 ——— 246
- 【料理】豆豉鲜蚵 ——— 247

黄豆酱 ——— **248**
- 【酱汁】凉拌豆酱汁 ——— 249
- 【料理】凉拌龙须菜 ——— 250

味噌 ——— **251**
- 【酱汁】柴鱼味噌酱 ——— 252
- 【料理】味噌蛤蜊汤 ——— 253

酒酿 ——— **254**
- 【酱汁】酒酿桂花酱 ——— 255
- 【料理】酒酿桂花奶冻 ——— 256

红糟 ——— **257**
- 【酱汁】红糟腌酱 ——— 258
- 【料理】古早味红糟肉 ——— 259

鱼露 ——— **260**
- 【酱汁】泰式凉拌酱汁 ——— 261
- 【料理】凉拌青木瓜 ——— 262

虾酱 ——— **263**
- 【酱汁】暹罗虾酱 ——— 264
- 【料理】暹罗虾酱沙拉 ——— 265

Part **3**

调和调味料

调和调味料种类和保存 · 268
番茄酱 ——— 268
番茄糊 ——— 268
芝麻酱 ——— 269
海山酱 ——— 269
沙茶酱 ——— 270
美乃滋 ——— 271
芥末酱 ——— 272
- 日式山葵酱、法式芥末酱、
  美式芥末酱

咖喱 ——— 273
- 咖喱粉、咖喱块、
  泰式红咖喱

五香粉 ——— 274
七味辣椒粉 ——— 275
伍斯特酱 ——— 276
辣椒汁 ——— 276
韩式辣椒酱 ——— 277

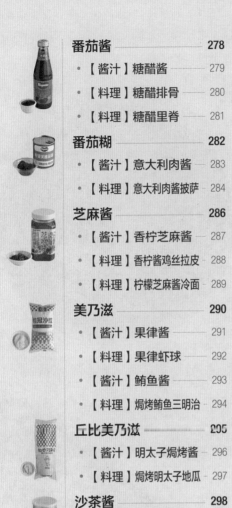

番茄酱 ——————— **278**
- 【酱汁】糖醋酱 ——— 279
- 【料理】糖醋排骨 ——— 280
- 【料理】糖醋里脊 ——— 281

番茄糊 ——————— **282**
- 【酱汁】意大利肉酱 ——— 283
- 【料理】意大利肉酱披萨 ——— 284

芝麻酱 ——————— **286**
- 【酱汁】香柠芝麻酱 ——— 287
- 【料理】香柠酱鸡丝拉皮 ——— 288
- 【料理】柠檬芝麻酱冷面 ——— 289

美乃滋 ——————— **290**
- 【酱汁】果律酱 ——— 291
- 【料理】果律虾球 ——— 292
- 【酱汁】鲔鱼酱 ——— 293
- 【料理】焗烤鲔鱼三明治 ——— 294

丘比美乃滋 ——————— **295**
- 【酱汁】明太子焗烤酱 ——— 296
- 【料理】焗烤明太子地瓜 ——— 297

沙茶酱 ——————— **298**
- 【酱汁】橙香烤肉酱 ——— 299
- 【料理】BBQ烤鸡翅 ——— 300

法式芥末酱 ——————— **301**
- 【酱汁】蜂蜜芥末酱 ——— 302
- 【料理】蜂蜜芥末脆薯 ——— 303

山葵酱 ——————— **304**
- 【酱汁】芥末酒醋酱 ——— 305
- 【料理】四季蔬果沙拉 ——— 306
- 【料理】茭白笋沙拉 ——— 307

泰式红咖喱 ——————— **308**
- 【酱汁】椰汁咖喱酱 ——— 309
- 【料理】椰汁咖喱乌龙面 ——— 310

咖喱 ——————— **311**
- 【酱汁】沙嗲酱 ——— 312
- 【料理】沙嗲肉串 ——— 313

五香粉 ——————— **314**
- 【酱汁】古早味卤汁 ——— 315
- 【料理】卤豆干 ——— 316

七味辣椒粉 ——————— **317**
- 【酱汁】炸鸡粉 ——— 318
- 【料理】唐扬炸鸡 ——— 319

韩式辣椒酱 ——————— **320**
- 【酱汁】韩式炸鸡酱 ——— 321
- 【料理】韩式炸鸡 ——— 322

辣椒汁 ——————— **323**
- 【酱汁】鸡尾酒酱 ——— 324
- 【料理】
  酥炸鲜蚵佐鸡尾酒酱 ——— 325

小叮咛

- cc = ml   g = 克
- 1大匙 = 15ml   1小匙 = 5ml
- 火候和油温判断法，请参考第22页详细说明。

Foreword

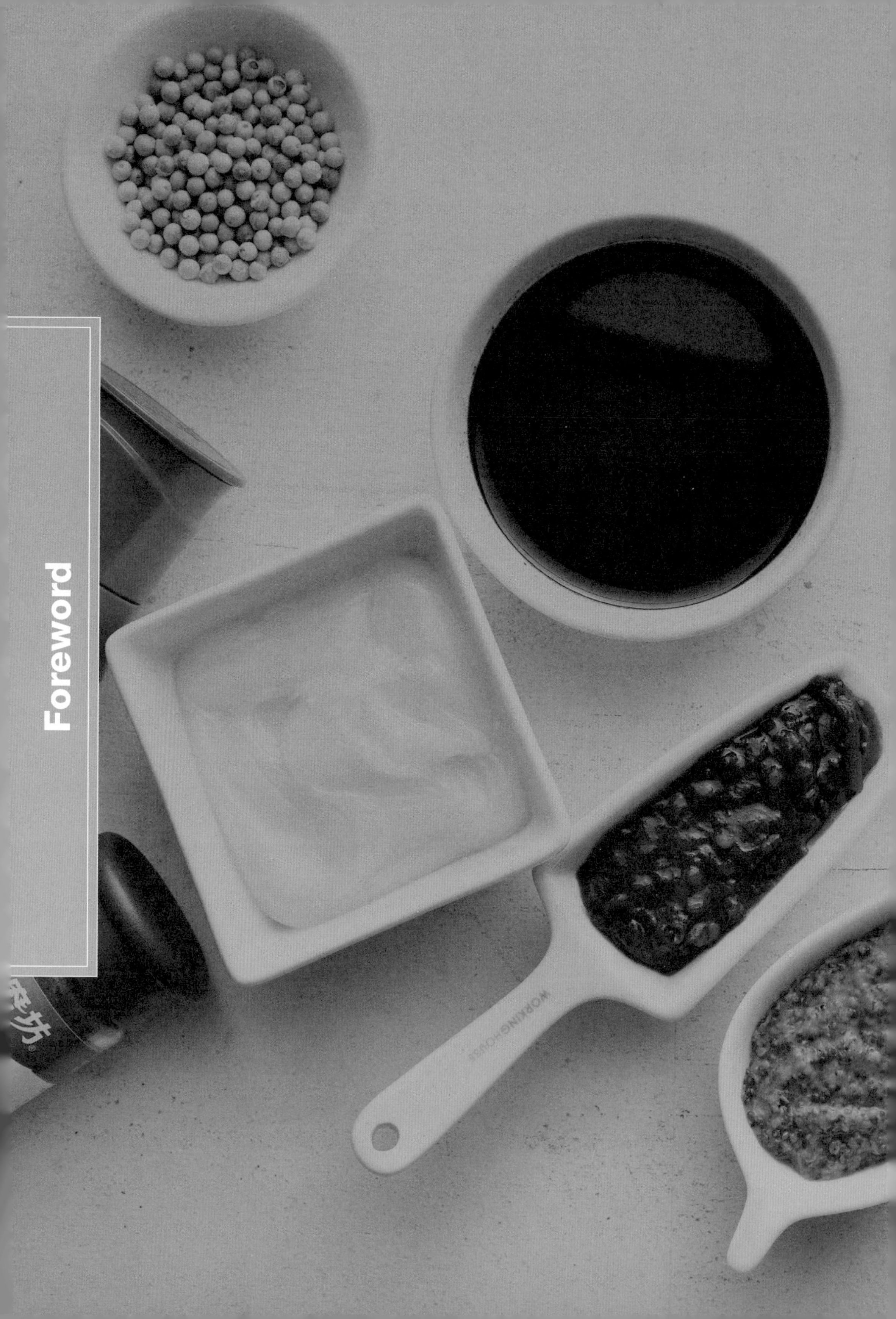

调味料重点 & 烹调诀窍

市售调味料琳琅满目，首先需要学会辨别内容物和各种食安认证标签，才能安心运用到酱汁和料理中。还要清楚火候、油温和各种烹调法的定义，才能烹调出色香味俱全的菜肴。

简易辨别、安心选购调味料

市售调味料琳琅满目，例如酱油就有酿造酱油、生抽、酱油膏等，盐有海盐、碘盐、玫瑰盐等。若不知道如何挑选，大家可以参考以下的重点和标签，把安全的调味料买回家。

**Point
A**

挑选重点

陈列在架上的调味商品，可能会因为出货品管不佳、店员未定期巡视过期情况，甚至搬运时的碰撞，使得瑕疵品出现在大家眼前，所以大家购买前务必仔细看一下。

① 外包装完整

包装形式常见有塑料袋、夹链袋、易拉罐、塑胶盒、塑胶罐、玻璃罐。选购时注意外包装必须完整，以无破损、无凹痕为宜。

② 生产日期和保存期限

包装上应注明生产日期、保存期限，但有些产品只有保存期限。尽量挑选至少还有半年以上保存期的商品，用起来比较安全。

③ 检查内容物的颜色

若包装为透明塑料袋、罐子，则可以看到内容物，以颜色一致且均匀、无杂质或其他杂色，并且无受潮结块为宜。若是非透明包装，又刚好是粉类或颗粒调味品，则可以拿起来摇一摇，若有听到均匀松散的沙沙声音，即表示内容干燥、无受潮结块。

**Point
B**

认证标签

市售调味品的瓶身总会出现一些标签，想知道这些标签分别代表的含义吗？以下整理出一些常见标签，能够帮助您了解所购买调味品的安全性。

① ISO22000 HACCP

依据 ISO 22000 国际食品安全管理标准，在生产过程执行全球一致的 HACCP 危害分析关键控制点。

② HACCP(Hazard Analysis Critical Control Point)

危害分析关键控制点。指事先分析在食品制作的过程中可能出现的危害因素，并制订管控点来控制危害产生的预防制度，能够确保食品的安全与质量。

③ ISO 22000

是食品安全管理的一套国际标准，让全球的食品卫生相关组织能够一致地执行 Codex HACCP（危害分析控制法典），不会因为国家、区域或制造的食品不同，而产生不同标准。

④ FSSC 22000(FOOD SAFETY SYSTEM CERTIFICATION 22000)

食品安全体系认证，此体系是最完整、全面的食品安全管理标准系统，包含非常多现阶段的食品安全卫生准则和规范标准，其认证流程涵盖 ISO 22000、Codex HACCP 与 PAS 220PRP 的认证流程，适用于食品业者对所有制造过程的组织，而食品生产业者在取得 FSSC 22000 认证前，必须通过 ISO 22002-1 与 ISO 22000 认证。

⑤ SQF 食品安全品质标准

SQF 为 Safe Quality Food 的缩写，是用于规范各类食品生产业者、进出口贸易业者以及零售商，重视制造流程与产品质量的 套完整的食品安全质量管理国际标准。以独立的验证系统规范业者必须在其产品供应系统内确实执行好质量管理，以符合当地以及国际的食品安全法规标准，确保在整个食品供应链当中，能够达到最高品质管理标准。

学会瓶罐煮沸和酱汁保存

自制酱汁可能一次煮比较多，如何装盛和保存比较理想呢？虽然可以通过一定方法保存，但也要留意保存时间并尽快使用完毕，才能吃到安心的美味。

Point A 瓶罐煮沸法

刚煮好的酱汁，先放在室温下降温，再装入干净又干燥的罐子保存，装盛的罐子以玻璃材质为宜，最好用滚水煮过杀菌，若瓶盖有橡皮圈或有其他不耐高温煮材料，则用热水淋过即可，如此消毒完毕，才能确保酱汁质量、避免腐败，让您吃得更安心。

1. 将罐子、盖子放入滚水中，以大火煮约 5 分钟，关火。

2. 捞起后倒扣于不锈钢架，让玻璃罐自然晾干。

3. 将放凉的自制酱汁装入玻璃罐中，盖子密封好即可。

Point B 酱汁、酱料保存法

自制酱汁或酱料完成后，不是全部都用冰箱冷冻保存就好，保存方式到底是冷藏、冷冻、还是在阴凉处？这由内容物性质决定。

① 冷藏 OK 冷冻 OK

（冷藏、冷冻皆宜）

- ☐ 水分多。
- ☐ 需要再经过烹煮。
- ☐ 非高糖分。
- ☐ 非立即使用的腌制酱。
- ☐ 无油脂。
- ☐ 无生鲜辛香料或蔬果。
- ☐ 非凉拌浓稠酱或蘸酱。
- ☐ 无冷冻结晶或凝固变质性质。
- ☐ 经过冷冻后不会产生油水分离。

② 冷藏 OK 冷冻 NO

（适合冷藏，不适合冷冻）

- ☐ 含油脂。
- ☐ 非高糖分。
- ☐ 浓稠状态。
- ☐ 具发酵产生气体。
- ☐ 含生鲜辛香料或蔬果。

③ 室温阴凉处 OK

（只适合放室温）

- ☐ 高糖分酱汁或酱料。

④ 覆盖保鲜膜保存

若是当天未使用完的酱汁或酱料，必须冷藏保存，保存前应该先覆盖一层保鲜膜，再放入冰箱冷藏，以免冰箱中的水汽、杂质或气味影响酱汁的风味。

厨房必备锅具和工具

烹调需要准备什么锅具和工具呢？让下厨成为轻松又快乐的一件事其实并不难，不需要采买太多，只要准备如下的基本锅具与工具，就能让料理快速上桌，帮助大家将烹调过程变得更简单。

Point
A

家电类

① 电饭煲

可以用来煮饭、煮粥、蒸菜、炖汤等，省时又省力，亦可拿来加热馒头、面包之类的餐点。内锅、外锅都要保持洁净和干燥，但不能将整个电锅泡入水中清洗，外锅内壁可以用湿布擦拭，然后用干布擦干。

② 料理机

可用来搅打果汁、搅拌酱汁或馅料、揉匀面团、打发蛋白的多功能搅拌机器。使用后进行清洗时，可以先放入 1 个切开的柠檬，再加入适量水，将柠檬打碎后，再以洗洁精清洗，就能去除油腻的污渍及食物残留的味道。

③ 烤箱

利用电来产生热能，加热食材。使用前必须先预热 10~15 分钟，让内部达到恒温的状态，再将准备烘烤的食物放入烤熟。书中的时间与温度数据为参考值，请依照家中烤箱性能参数的不同来调整。若预算充足，建议挑选可以分别控制上、下火的烤箱。

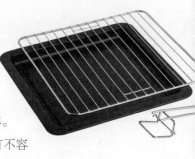

④ 烤盘、凉架

盛装半成品进入烤箱的器具，能均匀传导热能，增加温度调节弹性，降低成品的失误概率。请勿以铁刷清洗，以免产生刮痕而藏污，若有不容易清洁的地方，则以热水或小苏打水浸泡。

Point B

锅具类

① 平底锅

可以准备不同尺寸的平底锅各一只，大的直径28 ~ 32 厘米，小的直径 22 ~ 26 厘米，就足够烹调餐点，适合煎、炒类料理。建议买不粘锅材质，能避免粘锅还能节省料理油量。清洗锅子宜使用海绵材质的清洁材料，不可以用铁刷刷洗，以免将不粘锅上的涂层刷掉。

② 汤锅

挑选一个锅身比较深、容量 4 ~ 5 升的汤锅，可以轻松煮汤、炖卤食物，更不必担心汤汁溢出。汤锅材质最好选择能放在煤气灶、电磁炉上烹煮的，附防烫把手、透明锅盖更佳，烹煮时不用打开锅盖，就可以清楚看到食物的烹煮状况。

Point C

测量类

① 电子秤

用来称量食材重量，可以让酱汁、料理的配方更为准确，并降低烹调失败率。称量时必须将容器重量先扣除。市面上有传统秤、电子

秤两种，建议选择电子秤，其准确率比较高，也有归零的功能。

② 量匙

用来测量少量粉状原料或调味料的分量，一般量匙一套有4支，分别为1大匙、1小匙、1/2小匙、1/4小匙，建议选择不锈钢材质，在量取热水或酸性食材时比较安全。

③ 计时器

计量时间的仪器，用来计量烹调或烘烤的时间，避免时间不对影响糕点质量，或造成失误。

Point
D

辅助工具

① 砧板

市面上常见的砧板材质有木头制、塑料制两种，也会标注尺寸，可依个人使用需求进行挑选。生食、熟食最好使用不同的砧板，以确保安全卫生，使用后洗净，放在通风处晾干即可。

② 刀具

切割生鲜或熟食材使用，依食材特性挑选适合的刀具，最常见的有菜刀、剁刀、水果刀等。至少要准备两把菜刀，分别用在生食与熟食上，可避免交叉感染。刀具使用完后请立即洗净，并放在通风处晾干。

③ 削皮刀

用来去除蔬果外皮或太老的纤维，或用来削薄片，可以根据不同需求挑选适合的材质及尺寸。

④ 剪刀

用来剪开食材，例如剪除草虾的须、脚，或剪断粉丝、海参，但必须与杂物用的剪刀分开使用，以避免污染食材。市面上有功能性丰富的料理剪刀可挑选，能同时开瓶、剪海鲜、蔬果，非常方便好用。

⑤ 打蛋器

适合搅拌蛋液或面糊的搅拌工具，选购网状铁线的比较有弹性，非常容易搅拌，能更轻松将食材混合均匀。

⑥ 料理筷

烹调或搅拌馅料时可以使用的工具，常见的是木制长筷，方便高温加热使用。有些不方便用锅铲翻拌的食材，就可以使用长筷代替，清洗后务必晾干，以防发霉。

⑦ 密封罐

装盛酱汁的容器，以玻璃材质并附瓶盖为佳，并且需要以滚水煮过后晾干，才能装盛酱汁；若没有盖子，可用保鲜膜覆盖并尽快用完。

⑧ 捞网

捞网适合捞取炸物，并捞出油渣，挑选时以孔洞不要太大，并配合锅子直径尺寸挑选为宜，勿买到比锅面更大的捞网。使用完毕后洗净，放阴凉处晾干。

⑨ 隔热手套

端取汤锅或拿烤盘时使用，避免烫伤。材质以较厚的为宜。

正确称量做出完美料理

想要调制黄金比例的酱汁、烹调出完美色香味俱全的料理，绝对少不了准确称量，这时候量匙、电子秤就非常重要了。

量匙称量示范

Point A

1g=1 克，1 千克 =1000g

将黄砂糖舀起来，再用小刀刮平为准，

1 大匙（1 T，15g）、1 小匙（1 t，5g）、

1/2 小匙（1/2 t，2.5g）、

1/4 小匙（1/4 t，1.25g）

一平匙　　　　二分之一匙　　　三分之一匙

[**调味料** 称量 **举例**]

项目	名称	1T	1t	1/2t	1/4t
1	盐	15g	5g	2.5g	1.25g
2	细砂糖、黄砂糖、红糖	15g	5g	2.5g	1.25g
3	蜂蜜	15g	5g	2.5g	1.25g
4	麦芽糖	15g	5g	2.5g	1.25g
5	黑胡椒碎、白胡椒碎	7.5g	2.5g	1.25g	0.6g
6	黑胡椒粉、白胡椒粉、肉桂粉	5g	1.6g	0.8g	0.4g
7	色拉油、橄榄油、黑芝麻油、香油	15g	5g	2.5g	1.25g
8	黄油、猪油	15g	5g	2.5g	1.25g
9	酱油	15g	5g	2.5g	1.25g
10	酱油膏、蚝油	15g	5g	2.5g	1.25g

项目	名称	1T	1t	1/2t	1/4t
11	白酒、红酒	15g	5g	2.5g	1.25g
12	米酒	15g	5g	2.5g	1.25g
13	番茄酱	15g	5g	2.5g	1.25g
14	番茄糊	15g	5g	2.5g	1.25g
15	韩式辣椒酱、味噌	15g	5g	2.5g	1.25g
16	芥末酱	15g	5g	2.5g	1.25g
17	芥末籽酱	15g	5g	2.5g	1.25g
18	白芝麻	10g	3.3	1.65	0.8g
19	黑芝麻	15g	5g	2.5g	1.25g
20	面粉、马铃薯粉	5g	1.6g	0.8g	0.4g

判断油温、火候不能马虎

烹调前置作业把食材、调味料、风味酱汁都准备好了，但烹调的火候、油温未落实，依然会影响料理最后呈现的味道、口感和形态，接下来将提供判断油温、火候的方法，让大家轻松搞定油锅，让佳肴优雅上桌。

油温的判断和使用

油温可以使用厨房专用温度计测量，或是拿胡萝卜片、蒜片、葱末测试判断。以下将示范最常用温度的测试判断，并且说明其适合哪一类油炸。

① 140℃油温

胡萝卜放入油锅后，会先沉到底，再慢慢浮起至油面，同时其周围有许多由水汽形成的泡泡。这种温度适合烹调泡油料理，例如在炸肉丸时先用此油温泡熟，再以200℃将外表炸酥脆。

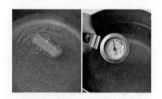

② 160℃油温

胡萝卜放入油锅后，会先下沉约油液高度的一半，再慢慢浮起至油面，同时胡萝卜周围有比较密集的由水汽形成的泡泡。这种温度适合低温油炸烹调，例如在炸新鲜薯条时可先用160℃油温炸至整个熟透，再用180℃或200℃油温炸至外表酥脆。

③ 180℃油温

胡萝卜放入油锅后，会先下沉约油液高度的1/3，而后立即浮起至油面，同时胡萝卜周围剧烈地冒着水汽泡泡。这种温度适合一般油炸。

④ 200℃油温

胡萝卜放入油锅后，直接浮起至油面，胡萝卜周围更加剧烈地冒着更多的水汽泡泡。这种温度适合过油或抢酥。

火候的判断和使用

下面介绍的火焰大小以一般家庭煤气灶火为例，实际火力的使用要依不同的炉灶而有所不同，并要依食材特性和烹调分量作适当调整，以实现火候烹调效能，达到良好料理质量。

① 微火

火焰微弱，温感若有似无。适合少量食材的长时间炖煮或卤制烹调，例如炖肉、熬制高汤时，在烧开后再以这样的火候续煮；但如果烹调20人以上的分量，则要改成小火或更大火力继续烹煮。

② 小火

火焰明显，温感稍热。适合作小火烹调，例如煎薄饼、煎鱼肉时，先以大火煎至表面上色后，再转这样的火候煎至内部熟透。

③ 中小火

火焰稍大，温感比较热。适合一般煎、焖、炒类烹调，例如煎蛋、煎饼、煎牛排，炒花菜或包菜时，需要稍微长时间以这一火候加热。

④ 中火

火焰比较大，温感更热。适合炒菜、炒饭以及烹煮易熟汤品，例如做肉片汤、蔬菜片汤。

⑤ 大火

火焰最大，温感最热。适合爆炒、汆烫、过油、高温蒸、给食物表面煎上色。

选对烹调法，料理更加分

选对烹调法，可以提升菜肴的色、香、味。烹调方法很多，应该如何挑选呢？下面就来了解各种烹调法的定义，对您的厨艺精进绝对有帮助。

炒 ▶ 热锅后，放入少许油加热，将食材及调味料倒入锅中，用大火快速翻炒至熟。分为清炒、生炒、快炒、爆炒等。

炸 ▶ 将食材放入多量的滚油中，利用油的温度使食材在短时间内熟成并且呈金黄色。分为炸、酥炸等。

烤 ▶ 将食材用调味料调好味，放在烤网上或烤箱内，加热使之熟透。分为干烤、生烤、炭烤、烧烤、烘烤、盐烤、焗烤等。

煮 ▶ 将食材放入装有冷水或滚水的锅里煮熟。分为水煮、煮汤、酱油和水煮、煮火锅等。

熘 ▶ 将半熟食材用调味汁勾芡或是浇上热油，让食材看起来滑嫩可口。分为醋熘、油熘、焦熘、糟熘、芡糊熘等。

煎 ▶ 将食材以少许热油煎至两面熟。分为生煎、干煎、香煎等。

炝 ▶ 将食材切成小块，用滚水汆烫或过油至熟，趁热将各种调味料加入拌匀。

卤 ▶ 将生或熟的食材放入烧滚的卤汁中，烹煮出特殊香味。

蒸 ▶ 将食材放入底层已有滚水的蒸锅内，利用水蒸气的热力使其熟成的方法。分为清蒸、粉蒸、酿蒸等。

炖 ▶ 将食材放入锅内，倒入盖过食材的水，还可以在锅内加入葱、姜、酒等调味，以小火慢慢炖至菜肴熟软。分为清炖、炖煮等。

烧 ▶ 煎炒后加水或高汤，以小火慢慢烧至入味且食材软烂。分为红烧、白烧、葱烧、干烧等。

焖 ▶ 将食材先稍微烹调（用煎、炒、煮、炸等方式），再加入少量高汤，盖紧锅盖，用小火慢慢煮到汤汁收干、食材熟透或熟至软烂。

烩 ▶ 将数种食材分别烫熟，再一起回锅加入适量汤汁炒或煮，再勾薄芡或煮至收汁。

打汁 ▶ 将食材洗净并沥干水分，再放入果汁机或料理机中搅打成汁液或泥状。

汆烫 ▶ 将食材放入滚水至熟，捞起后沥干，可以直接吃，亦可再用其他方式进行烹调。

凉拌 ▶ 将可以生吃的食材加料调味、拌匀，待入味即可食用。分为凉拌、热拌等。

腌制 ▶ 将食材洗净并沥干水分，再放入容器，以盐或酱油等调味料腌制入味。分为盐腌、酱腌等。

天然高汤提升佳肴美味

将天然食材用小火慢慢熬煮，过滤后就是美味又营养的高汤，也是健康的调味料。下面介绍最实用的几种高汤——鸡骨高汤、海鲜高汤、蔬菜高汤、柴鱼高汤，读者可以运用到本书食谱中，绝对暖心又美味。

高汤 ｜ 鸡骨高汤

🍲 烹调示范	🥄 完成份量	🕐 烹调时间
黄经典	**3500** g	**45** 分钟
🔥 火候控制	大火→小火	

保存期限　🍶室温 **NO**　❄冷藏 **5** 天　❄冷冻 **3** 个月

材料

鸡骨 1000g、洋葱 120g、
红萝卜 80g、西洋芹 80g、
青蒜 35g、水 4500g

调味料

干燥月桂叶 2g、
白胡椒粒 5g

下页 >

 Tips　1. 鸡骨先汆烫去除血水，可以避免完成的高汤变混浊。

1

鸡骨洗过后切块，洋葱、红萝卜去皮后切小块，西洋芹、青蒜切小段，备用。

2

鸡骨放入一锅滚水中，以大火汆烫至变白，捞起后沥干备用。

3

鸡骨、洋葱、红萝卜、西洋芹、青蒜放入大的汤锅，加入水、月桂叶、白胡椒粒。

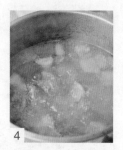

4

以大火煮滚。

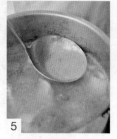

5

转小火续煮 40 分钟，边煮边捞除浮渣。

6

滤出高汤即完成。

7

可以把放凉的高汤倒入制冰盒或密封袋分装。

8

再放入冰箱冷冻，之后随时取用。

Tips

2. 浮渣宜在汤汁滚沸时尽量捞除，后续烹煮过程每 10 分钟再稍微捞除，以保持高汤的清澈。

高汤 | 海鲜高汤

🍲 烹调示范	🥄 完成份量	⏱ 烹调时间
黄经典	**3500** g	**45** 分钟
🔥 火候控制	大火→小火	

保存期限　💧室温 NO　❄冷藏 **5** 天　❄冷冻 **3** 个月

材料

鱼骨 1000g、红萝卜 80g、洋葱 120g、西洋芹 80g、青蒜 35g、水 4500g

调味料

干燥月桂叶 2g、白胡椒粒 5g

Tips　浮渣在煮滚时尽量捞除，后续烹煮过程大约每 10 分钟再稍微捞除，以保持高汤的清澈。

2 鱼骨放入一锅滚水中，以大火汆烫至变白，捞起后沥干备用。

3 鱼骨、红萝卜、洋葱、西洋芹、青蒜放入大的汤锅，加入水、月桂叶、白胡椒粒，以大火煮滚。

1 鱼骨洗过后切段，红萝卜、洋葱去皮后切小块，西洋芹、青蒜切小段，备用。

4 转小火续煮 40 分钟，边煮边捞除浮渣，滤出高汤即完成。

27

1

洋葱、红萝卜、白萝卜去皮后切小块，西洋芹、青蒜切小段，备用。

2

将水、洋葱、红萝卜、白萝卜、西洋芹、青蒜放入大的汤锅，加入月桂叶、白胡椒粒，以大火煮滚。

3

转小火续煮30分钟，滤出高汤即完成。

高汤 | 蔬菜高汤

🍲 烹调示范	🥄 完成份量	🕐 烹调时间
黄经典	**4000** g	**35** 分钟
〰️ 火候控制	大火→小火	

保存期限　💧室温 **NO**　❄冷藏 **5** 年　❄冷冻 **3** 个月

材料

洋葱 120g、红萝卜 80g、
白萝卜 80g、西洋芹 80g、
青蒜 35g、水 4500g

调味料

干燥月桂叶 2g、
白胡椒粒 5g

Tips 蔬菜高汤可视实际需求调整蔬菜种类，让高汤有不同风味，例如：番茄、高丽菜、香菇蒂头等。

柴鱼高汤

🍲 烹调示范	🥄 完成份量	🕐 烹调时间
王陈哲	**3000** g	**15** 分钟
🥢 火候控制	中火→小火	

保存期限　🍵室温 **NO**　❄冷藏 **7** 天　❄冷冻 **3** 个月

材料

水 3000g、粗柴鱼片 50g、海带 50g

Tips | 烹煮过程勿用大火，以保持高汤清澈。

1

用厨房纸巾将海带表面灰尘擦净，再浸泡水中 20 分钟备用。

2

把水倒入大的汤锅，放入粗柴鱼片、沥干水分的海带。

3

以中火煮滚后，转小火续煮 10 分钟，关火，捞除粗柴鱼片和海带即完成。

Basic Seasoning

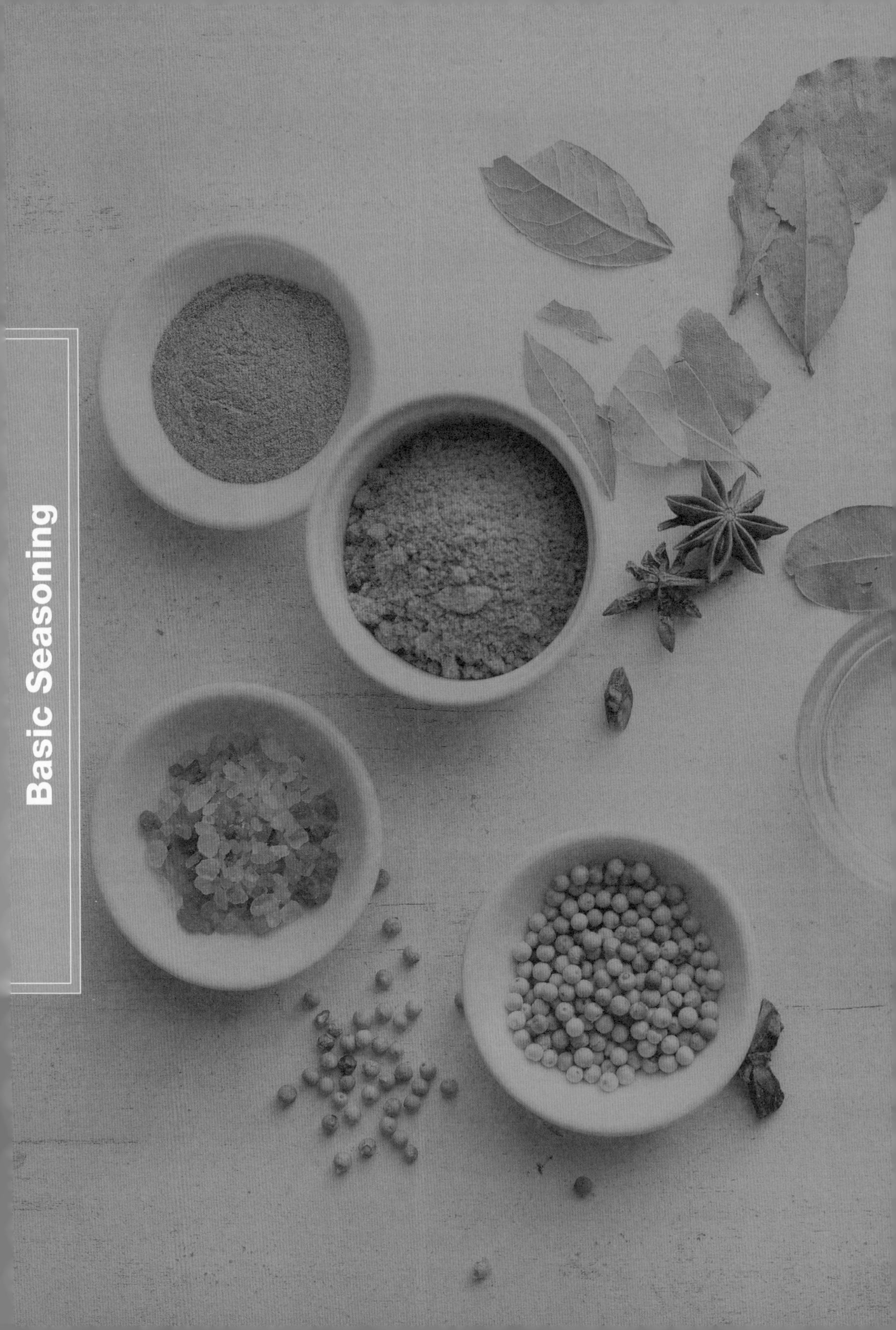

Part ———— 1

基本
调味料

烹调的基本调味料，常见有盐、糖、油、醋、胡椒等，细分后包含细砂糖、蜂蜜、冰糖、橄榄油、苦茶油、黑芝麻油、黑胡椒、白胡椒等，皆能赋予食物基本风味。

基本调味料种类和保存

基本调味料指烹调时比较常使用的一般调味料，包含盐、糖、油、醋、胡椒等，能赋予食物基本风味。

糖

糖的主要成分为碳水化合物，由碳、氧、氢原子所组成。一般食用糖以蔗糖为主，由甘蔗经过取汁、去除杂质、溶解、多次结晶、炼制而成。各种糖依照不同的成分，可分成蔗糖类、非蔗糖类：蔗糖类包含细砂糖、黄砂糖、冰糖、红糖、方糖、绵白糖等；非蔗糖类包含蜂蜜、葡萄糖、麦芽糖、玉米糖浆、果糖、高果糖浆、枫糖、葡萄糖、葡萄糖浆、转化糖浆等。常见糖类按热量由高到低的排序为：冰糖、细砂糖、黄砂糖、红糖、麦芽糖、蜂蜜、果糖、枫糖。

糖类依照化学结构分成单糖、双糖、寡糖、多糖四种。常见的单糖有果糖、葡萄糖、半乳糖、阿拉伯糖、木糖等。常见的双糖有蔗糖、麦芽糖、乳糖等，其中蔗糖由一分子果糖与一分子葡萄糖组成。多糖属于生物高分子，是生物储存能量与构成机体的组织，包含储存能量的植物"淀粉"和动物"肝糖"，以及组成生物结构的植物"纤维素"，和动物"几丁质"（俗称甲壳素），有别于一般调味用糖类，其本身无甜味、不易溶解于水，有医学研究显示，于酵母菌、菇蕈、冬虫夏草、灵芝中提取出来的多糖体，能够帮助人体提升免疫力、抵抗癌细胞等。寡糖和一般的糖口感相近，存在于天然食物中，例如蜂蜜、牛乳、洋葱、大蒜、黄豆等，经过萃取得到，对人体具有多重生理调节的作用。但是寡糖无法完全被人体消化吸收，其甜度和热量约为蔗糖的一半，因此广受食品业界与大众所喜爱。

① 细砂糖

细砂糖属于蔗糖类，又称为白糖，色泽透白、颗粒小且尺寸一致，甜味比较高，糖度在 99.5% 以上，适合作为各种料理以及甜点烘焙的调味料。

② 黄砂糖

黄砂糖是我国大陆民众的称法，在台湾地区称为二砂糖、红糖。属于蔗糖类，又称为黄糖，属于未精炼之蔗糖，保有较多甘蔗营养成分，甜味高，带有微糖蜜风味，糖度在 88% 以上，适合各种烹调，或制作甜汤。

③ 冰糖

冰糖属于蔗糖类，系由白砂糖经高温提炼、自然结晶所形成的块状物，由于外形结晶呈现碎冰状，所以称为冰糖，是含糖纯度最高的糖类，糖度在 99.99% 以上。自然成形的冰糖颜色有白色、微黄、灰色等。烹调料理或制作甜品时，加入一些冰糖会有增稠效果。

④ 红糖

红糖属于蔗糖类，也称为黑糖（台湾民众称法），保有比较多甘蔗的营养成分，外观为深咖啡色、常凝结成块，散开的粉末颗粒细小，糖度在 89% 以上。食用红糖有利于人体新陈代谢顺畅、保持酸碱平衡，女生在生理期也可以喝一些红糖水活络气血，让月经排得比较顺，同时补充体力。红糖适合用在料理、甜品上。

⑤ 方糖

方糖属于蔗糖类，又称为半方糖，系将细精制砂糖压为半方块（1/2 立方体）所制成，色泽洁白，颗粒小且尺寸一致，甜味高，糖度在 98% 以上，适合冲泡饮品。

⑥ 绵白糖

绵白糖属于蔗糖类，又称为绵糖，色泽洁白，颗粒介于细砂糖和糖粉之间，细小且尺寸一致，甜味和细砂糖一样，糖度在 98% 以上，适合用来沾裹米制甜食，使用方式和细砂糖相近。

⑦ 蜂蜜

属于非蔗糖类，蜂蜜的成分主要是果糖和葡萄糖两种单糖，亦富含多种矿物质、维生素和氨基酸等营养素，营养价值非常高，更容易被人体吸收。蜂蜜糖度在 95% 以上，呈半透明、黄褐色的黏稠液状，甜味中带有花蜜香气，适合料理以及烘焙调味。

⑧ 麦芽糖

麦芽糖属于非蔗糖类，又称为饴糖。做法大致是：将麦芽切碎或打成汁，另将糯米浸泡约半天后加热蒸熟，再将麦芽碎或汁与熟糯米混合在一起，以小火熬煮，温度控制在 60℃左右，熬煮 8 ～ 10 小时，让麦芽中的淀粉被酵素分解成为麦芽糖浆（即糖化），将麦芽糖浆过滤后再熬煮至黏稠状即成为麦芽糖。麦芽糖为金黄琥珀色的半透明黏稠膏状物，甜味中带有麦芽香气，适合直接食用以及料理调味，或用于烘焙。

⑨ 玉米糖浆

玉米糖浆属于非蔗糖类，是玉米淀粉被酶分解后所制成，含有麦芽糖及多寡糖，色泽透明，可溶性好，甜度较高，达99%以上，适合当作食品的甜味剂、保湿剂以及增稠剂，常用来制作糖果、果汁饮料、汽水等。

⑩ 果糖

果糖属于非蔗糖类，存在于瓜果、蜂蜜、甜菜等天然蔬果中，亦是蔗糖分解后的一部分产物，市售果糖性质以淀粉糖浆为主，适合制作甜品或饮品。

⑪ 高果糖浆

高果糖浆属于非蔗糖类，又被称为"高果糖玉米糖浆""果葡糖浆"，做法系以酶化作用将葡萄糖转化成果糖，是一种混合葡萄糖和果糖的糖浆，色泽透明，甜度为一般蔗糖的 1.7 倍以上，是可溶性与甜度更高的"甜味剂"，用途同玉米糖浆，可用以制造糖果、果汁饮料、汽水以及高甜度食品等。

⑫ 枫糖

枫糖属于非蔗糖类，由枫树汁制作而成，含少量维生素与矿物质，呈深褐色，糖度在 65% 左右，甜味中带有特殊枫树香气，适合搭配糕点直接淋上食用，或是烘焙点心时调味使用。

⑬ 葡萄糖

葡萄糖属于非蔗糖类，又被称为"血糖"，为人体可以不经过消化而直接吸收的单糖。动物以肝糖方式将葡萄糖储存于细胞中，植物通过光合作用产生葡萄糖，所以葡萄糖也直接存在于水果和蜂蜜中，市面上售卖的葡萄糖则以分解玉米淀粉的方式制造。

⑭ 葡萄糖浆

葡萄糖浆属于非蔗糖类，又被称为"液体葡萄糖""右旋糖"，是单糖，主要成分为葡萄糖与麦芽糖，由淀粉通过酶化作用而产生。是一种色泽透明、浓稠度较低的液状糖浆，甜度同蔗糖，适合用来制作糖果、饮料果汁、食品糖浆、水果罐头以及烘焙，具高吸收性及保湿性，可以保持产品柔软口感，增加风味香气与延长保存期。

⑮ 转化糖浆

转化糖浆属于非蔗糖类，通过混合葡萄糖与果糖而制成，是一种黄褐色、稍有些浓稠的液状糖浆，甜度高于蔗糖，适合运用于糕点烘焙，具高吸收性及保湿性，可以保持产品的柔软度与润泽度。

[糖 的选购＆保存]

选购方式	保存方式
· 选购时注意保存期限，应未被超过或接近。 · 外包装应完整、无破损。包装方式有塑料袋装、易拉罐装、塑料盒装、玻璃罐装。 · 对于外包装透明者，应可以清楚看到糖的颜色均匀，无杂质或其他杂色，并且颗粒尺寸一致，无受潮结块。	· 未开封：保存期限为 1～2 年，放置阴凉干燥处即可。 · 开封后：粉粒状糖在使用后覆盖封好，放在阴凉通风处，则可延续原保存期；糖浆则必须封好并冷藏保存，避免与其他物质混合或受潮。 · 蜂蜜千万不可以冷藏，只要放在室内阴凉通风处即可。蜂蜜产生结晶属于自然现象，因为其中的单糖、葡萄糖含量高。 · 开封后若盒盖不见了，可以用保鲜膜密封。 · 塑料袋装的糖可以在袋角剪一个开口（足够小汤匙放进去即可），使用完毕后，再用橡皮筋绑好袋口，放置于阴凉干燥处，亦可接着放入密封罐，更能避免受潮。

打开塑料袋后，用橡皮筋绑好再放入密封罐。

打开塑料袋后，将袋口折好，用保鲜膜完整包覆。

若是大包装，可以用数个塑料袋分装，方便每次使用，并避免糖一直接触到空气而受潮。

数种食用糖可以放入收纳盒保存，让同类调味料的取用更为方便。

Point
B

盐

又称为食盐，主要成分为氯化钠，是日常料理中最常使用的调味料，由开采自盐田或盐矿的原盐经由蒸发、结晶等程序萃取而成。原盐在制作过程中经过了纯化处理，过滤杂质，留下氯化钠，因此，一般的食盐几乎不含有除了钠以外的其他矿物质，营养价值也相对较低，不应该当作摄取其他矿物质的重要来源。各种盐产品的种类如下。

① 精盐

含有将近 99% 氯化钠的食盐，成分含碘，所以又有碘盐、碘化盐之称，色泽白皙、颗粒细小且均匀一致，咸味比较高，适合用于各种料理的调味，亦可用于腌制以及烘焙的提味。

② 低钠盐

以约 30% 的氯化钾取代氯化钠所制成的食盐，外观和风味与精盐相似，适用于各种料理的调味，可减少人体钠的摄取量。若是有肾脏疾病、血钾质高的人，不适合食用。

③ 海盐

又称粗盐，由露天盐田通过蒸发晒干所生成的结晶盐，颗粒比较粗而且不规则，价格也比一般食盐贵些，其含有的矿物质相对较丰富，略带鲜甜风味。海盐除了用作调味料，亦可作为美容圣品，是爱美人士泡澡的材料，具有强化皮肤修复能力、提高皮肤角质代谢率的效果。

④ 玫瑰盐

属于海盐的一种，同时也结合了石盐的性质，数亿年前的海洋在地壳板块运动中浮起，自然形成高山，山脉中的海水被太阳晒干形成结晶盐，再经过长时间地底高温和地质挤压作用后形成盐化石。盐化石为结晶盐与地底矿物质的结合，色泽也因为矿物质成分不同而有不一样的颜色，大部分玫瑰盐以粉红色泽为主，完整的玫瑰盐矿石体积比较大，经过制程细致化后，颗粒略大而尺寸不规则，富含矿物质，风味带有鲜味，

⑤ 夏威夷火山盐

为海盐的一种，颜色分成黑色、红色两种。夏威夷火山红盐是夏威夷海盐结合火山红泥而形成的，色泽鲜红、颗粒稍微粗并且尺寸不规则，含丰富铁质和多种矿物质，风味微辛，钠低于精盐含量，适合用于烧烤料理完成后的搭配，以及作为料理的点缀。夏威夷火山黑盐是夏威夷海盐结合火山熔岩里的活性炭而形成的，色泽黝黑、颗粒稍微大且尺寸不规则，富含矿物质，风味稍微带硫矿与微辛味，咸度比红盐高，适合用作烧烤料理的调味料。

⑥ 石盐

又称为岩盐、矿盐，是从地底下或山洞内所开采的盐矿中萃取得到的自然结晶盐，色泽依据产地不同而有所差异，有白色、粉红、透明、黄色、黑色等。完整石盐的颗粒似矿石，尺寸有大有小，在制程中经过细化后，颗粒依然稍大而不规则。本身富含矿物质，风味也因产地不同而有些微差异，咸度比海盐低，使用时通常是研磨后添加于菜肴中。

⑦ 湖盐

又称为池盐，由盐湖中开采或盐田中引进的盐湖卤水经过日晒所制成，色泽为浅米白，颗粒尺寸似精盐大小，含丰富矿物质，咸度比较柔和，适合用来腌制食物与各种料理的调味。

⑧ 盐之花

法国知名顶级海盐，产于法国布列塔尼南岸葛朗德（Guerande）盐田，采盐工人须在结晶体沉到盐田底部之前，迅速收取盐田表面最洁净的结晶盐，这种盐只能以人工通过繁琐的方式采集，产量少，成本高。盐之花色泽纯白，颗粒细小，尺寸不规则，咸味更柔和且有回甘，比较不适合加热，可在食物料理完成后附在旁边作搭配，或撒在食物上提味，亦适用于甜点的制作。

⑨ 犹太盐

类似于精盐，亦是经过精炼，成分不含碘，专用于犹太教洁食的制作。纯净而无杂质，色泽透白，颗粒大于精盐，尺寸不规则。比较不易溶解，咸度高于精盐，有回甘味，用途同精盐。

〔 **盐** 的选购&保存 〕

选购方式	保存方式
· 选购时注意保存期限，应未被超过或接近。 · 外包装应完整、无破损。包装方式有塑料袋装、易拉罐装、塑料盒装、玻璃罐装。 · 对于外包装透明者，应可以清楚看到食盐的颜色呈现白色、无杂质或其他杂色，并且颗粒尺寸一致、无受潮结块。 · 确认易拉罐装外观完整无变形或破损，摇动时能听到均匀松散的"沙沙"声，即表示内容物干燥、无受潮结块。	· 未开封：保存期限大部分为2～3年，放置阴凉干燥处即可。 · 开封后：打开使用后，加盖密封好并收纳，放在阴凉通风处，避免混到其他物质或受潮，则可延续原保存期限。 · 开封后若盒盖不见，可以用保鲜膜密封，一样放置于阴凉干燥处保存。 · 塑料袋装者可以在袋角剪一个开口（足够小汤匙放进去即可），使用完毕后，再用橡皮筋绑好袋口，一样放置于阴凉干燥处，亦可接着放入密封罐，更能避免受潮。

打开塑料袋后，用橡皮筋绑好再放入密封罐。

若盒盖子不见，盒口可以用保鲜膜完全包覆。

若罐的盖子不见，罐口可以用保鲜膜完全包覆。

Point C

油

自然界的油脂主要有动物脂肪、植物脂肪、乳脂肪三大类。

· 动物脂肪主要来源为畜禽以及鱼类，可促进人体对脂溶性维生素的吸收，富含饱和脂肪酸，耐高温油炸，在室温以及低温时呈固态状，比较容易保存；但是食用太多，则会提高人体血液中的胆固醇，导致血管硬化，甚至导致心血管疾病的发生，所以应该留意摄取量。

· 植物脂肪主要来源为谷类、坚果以及植物果实与种子，富含维生素 E 以及单元不饱和脂肪酸、多元不饱和脂肪酸，是天然的抗氧化剂。植物脂肪按制造方式分成精制油、压榨油、氢化油三类。

· · 精制油，为主要食用油，例如大豆油、色拉油、芥花油，售价比较低，不耐高温，不宜长时间油炸。

· · 压榨油，属于质量比较高的植物油，例如橄榄油、麻油、苦茶油。相较于精制油含更高的单元不饱和脂肪酸、多元不饱和脂肪酸，售价也较高。更不耐高温、不适合长时间油炸，但香气浓郁，适合低温烹调，以及直接加入食物拌匀食用。

· · 氢化油，即在植物油的制程中加入氢，于一般室温下呈现固状，所以比较方便保存且耐放，适合用于烘焙时的涂抹，例如酥油、白油。但是也会产生更多的反式脂肪酸，食用太多容易造成人体胆固醇增加，进而导致心血管疾病的产生。

· 乳脂肪主要来源为乳品，富含维生素 A、卵磷脂、胡萝卜素、脂肪酸，为人体必需之营养素，并具有浓郁香气与柔软特质。

① 猪油

属于动物油脂，又称为大油、荤油，用猪只的脂肪组织提炼制作。猪油在28℃以下呈现固态，熔点纯猪油大约为29℃，精制猪油大约为37℃，发烟点纯猪油为190℃，精制猪油为220℃左右。固态猪油色泽乳白，液态猪油色泽呈透明褐色。猪油适合用于油炸与各种荤食的烹调。

② 牛油

牛油这个词有两种含义，一是指牛乳制品，即后面第19条的"黄油"，二是指牛的脂肪组织里提炼出来的油脂。这里介绍后者。牛油属于动物油脂，又称为牛脂，40℃以下呈现固态，熔点在45℃左右，发烟点为120℃左右。固态牛油色泽呈浅乳黄，非一般的常用油脂，其用途和猪油一样，但是由于市面上不常见，所以烹调时亦很少使用。

③ 羊油

属于动物油脂，以羊的脂肪组织提炼制作，40℃以下呈现固态，熔点在45℃左右。固态羊油色泽为浅乳白，食用级产量比较少，市面上也比较少见，其香气独特而且浓郁，适合用在拌、炒类料理。

④ 鸡油

属于动物油脂，以鸡脂肪组织提炼制作，28℃以下呈固态，熔点约在30℃以上，固态鸡油色泽浅黄，适合各种荤食烹调使用。

⑤ 大豆油

属于植物油脂，大豆即黄豆，又称为色拉油、大豆色拉油，由大豆提炼制作成。凝固点在 −15℃以下，未精炼大豆油的发烟点约为160℃，精炼大豆油的发烟点约为230℃，色泽透明金黄，为最常使用的烹调用油脂，适合各种烹调方式以及烘焙制作。

⑥ 橄榄油

属于植物油脂，由橄榄果实压榨后制成，液态，颜色为透明的橄榄绿，具果香味、青草香气。营养价值较高，含丰富的橄榄多酚以及维生素 E；含较高的单元不饱和脂肪酸（Omega-9），以及较低的游离脂肪酸，这有助于人体保持良好的胆固醇水平。橄榄油是地中海地区普遍使用的油类。目前市面上的橄榄油大部分以冷压技术制作而成，比较常见的三个等级为：第一级冷压初榨橄榄油（Extra Virgin Olive Oil），耐热温度大约为 170℃，适合制作凉拌菜或直接饮用，或是以中低温烹调；第二级为 100% 纯橄榄油（100% Pure Olive Oil），耐热温度大约为 190℃，适合直接凉拌或食用，或以中高温烹调；第三级为橄榄粕（果渣）油（Pomace Olive Oil），耐热温度大约为 220℃，适合以中高温以上烹调。

⑦ 芥花油

属于植物油脂，又称为菜籽油，由油菜种子提炼制成。未精炼芥花油的发烟点大约为 190℃，精炼芥花油的发烟点大约为 200℃，比大豆油耐高温，色泽呈现透明金黄，使用方式和大豆油相同。

⑧ 葵花油

属于植物油脂，又称为葵花籽油，由大的葵花籽提炼制成。未精炼葵花油的发烟点为 160℃左右，精炼葵花油的发烟点为 220℃，比大豆油更耐高温，色泽呈现透明金黄，使用方法和大豆油一样。

⑨ 花生油

属于植物油脂，由花生提炼制成，含有多种人体必需的氨基酸，并含有单元不饱和脂肪，可预防心血管疾病。发烟点大约在 220℃，比大豆油耐高温，色泽为透明金黄，具有浓郁花生香气，使用方式和大豆油一样，且比大豆油更耐高温油炸。

⑩ 白芝麻油

属于植物油脂，又称为香油，由轻度焙炒的白芝麻提炼制成。未精炼白芝麻油的发烟点约为 170℃，精炼白芝麻油的发烟点约为 230℃，色泽透明棕红，具芝麻清香气味，适合在烹调的最后阶段加入提味，或与食物或酱汁拌匀食用，能提升料理风味。

⑪ 黑芝麻油

属于植物油脂，又称为麻油、胡麻油，由重度焙炒的黑芝麻提炼制成，未精炼黑芝麻油的发烟点约为 170℃，精炼黑芝麻油的发烟点约为 230℃，色泽乌黑，具浓郁黑芝麻香气，适合用来烹调三杯鸡、三杯鱿鱼、麻油鸡、麻油腰子、姜母鸭、麻油川七等。

⑫ 茶油

属于植物油脂，又称为苦茶油，以油茶或山茶种子提炼制作。未精炼茶油的发烟点大约为 190℃，精炼茶油的发烟点为 200℃左右，色泽透明金黄，风味清香并略带甘苦味，使用方式和大豆油相近，但不适合用来油炸，而未烹调的茶油适合直接和食物混拌后食用。

⑬ 葡萄籽油

属于植物油脂，由葡萄籽提炼制成，富含多元不饱和脂肪酸，其中亚油酸（Omega-6、EPA 与 DHA）以及原花色素（花青素）含量相对较高，对于降低人体胆固醇、防高血压等人体保健有相当大的帮助。发烟点大约为 200℃，色泽透明金黄。使用方式和大豆油相近，未烹调的葡萄籽油亦适合直接和食物混拌后食用。

⑭ 亚麻油

属于植物油脂，由亚麻种籽经过冷压制成。同样富含多元不饱和脂肪酸，对人体的健康帮助相当大。发烟点大约为 100℃，色泽为透明金黄，适合直接和食物混拌后食用，或用于低温的烹调。

⑮ 南瓜子油

属于植物油脂，由南瓜子提炼制成，富含不饱和脂肪酸、维生素、矿物质以及人体所需要氨基酸，对男性前列腺具有保健功能，还有美容养颜的效果。

具浓郁瓜子烘烤香气，发烟点大约为220℃，色泽为棕红色，适合各种烹调方式，也适合直接与食物或酱汁混拌后食用，可提升料理风味。

⑯ 椰子油

属于植物油脂，由成熟椰果肉提炼制成，与一般植物油有比较大的差异，它富含饱和脂肪酸，因此更有抗氧化、防止酸败的能力，保存性更好，在24℃以下呈现固态，熔点大约为25℃，发烟点在170℃左右，色泽洁白，具椰子香气，适合各种烹调以及烘焙制作。

⑰ 白油

属于植物油脂，又称为氢化油、化学猪油，由植物油加入氢原子提炼制成，即所谓的反式脂肪。白油在39℃以下呈现固态，熔点大约为40℃，发烟点为160℃左右，色泽洁白，由于质地稳定，在一般室温下呈现柔软固态。价格比猪油便宜，大部分情况下可以替代猪油。

⑱ 酥油

属于植物油脂，又称为烤酥油，由棕榈油直接氢化并加入香料提炼制成，亦是反式脂肪的一种。酥油在39℃以下呈现固态，熔点大约为40℃，发烟点为180℃左右，颜色淡黄，质地和白油一样稳定，在室温下为柔软固态。价格比黄油便宜，并且具有浓郁乳香味，大部分情况下可以替换黄油。

⑲ 黄油

属于乳脂肪，又称为牛油、奶油，由牛奶中的乳脂肪凝结制成。如果制程中加入盐，则为有盐黄油，带有微微香咸味道。黄油在34℃以下呈现固态，熔点大约为35℃，发烟点为120℃，色泽为浅黄色，在室温下为柔软固态，并且具有天然乳香味道，适合制作西式料理以及烘焙。

〔 油 的选购&保存 〕

选购方式	保存方式
· 选购时注意保存期限，应未被超过或接近。 · 外包装应完整、无破损。大部分包装方式为塑料罐装、金属罐装、玻璃罐装、塑料袋装。氢化油以塑料袋装、金属罐装为主；动物油脂则都可能采用。 · 塑料袋装者，由外观可以清楚看到油的颜色均匀，无杂质或其他杂色。 · 透明的塑料、玻璃罐装者，摇动后内容物呈现均匀，无杂质或其他杂色。	未开封: 大部分油脂保存期限为两年，保存在阴凉干燥处；动物油脂保存期限为半年，必须密封冷藏保存；乳脂肪（以黄油为例）一般保存期限为 18 个月，须完全包覆并冷藏保存，若以冷冻保存，则保存质量更佳。 开封后: 打开使用后，须加盖密封，并放在阴凉通风处保存，放冰箱冷藏更佳。油类只要开封后保存期限就会缩短，尽量在变质或产生油耗味前使用完毕，并且留意勿混入其他物质或受潮。 开封后若盒盖不见了，可以用保鲜膜完全包覆，一样放置于阴凉干燥处保存。 塑料袋装者，可以在袋角剪一个适合的开口，使用完毕后，用橡皮筋绑好袋口，以冷藏或冷冻保存。

拆过的黄油包装纸，可以先把封口折好，再用保鲜膜完全包裹。

若玻璃罐盖子不见，罐口可以用保鲜膜完全包覆。

数种油类可以放入收纳盒，再放入冰箱保存，取用时更为方便。

胡椒

胡椒包含黑胡椒、白胡椒、绿胡椒、红胡椒，属于胡椒科的开花藤本植物，盛产于热带地区与南印度。果实是小圆球状，具有辛香气味，香气来自成分中的胡椒碱；晒干后可以整粒使用，或再研磨成粉状使用，增加料理香气。

① 黑胡椒

又称为黑川、黑椒，整粒的产品是从胡椒树摘下未成熟果实，经过浸煮后晒干而成，是果皮呈现黑色干皱纹的小圆球状。味道浓郁带辛香，适合用来烹煮各种红肉以及风味浓郁的西式料理，部分亚洲料理亦有使用。

② 白胡椒

整粒产品是将胡椒果实在水中浸大约一星期后去除果皮而成，呈现灰白色圆球状。气味清香带点辛辣，适合各种料理、烘焙的调味或腌制料使用。

③ 绿胡椒

整粒产品是从胡椒树摘下未成熟绿色果实，经过浸煮、晒干而成，是果皮呈现绿色的小圆球状，气味清新芳香，适合腌制食材与制作肉类酱汁。

④ 红胡椒

整粒产品是将成熟红色果实浸泡食盐醋水后晒干而成，是果皮呈现红色的小圆球状，气味微辣清甜，适合撒一点于沙拉中，或是烹调白肉、海鲜以及煮汤时调味，亦可调制成酱汁。

〔 胡椒 的选购&保存 〕

选购方式	保存方式
·选购时注意保存期限，应未被超过或接近。 ·外包装应完整、无破损。包装方式有塑料袋装、塑料罐装、玻璃罐装。 ·通过透明外包装，应可以清楚看到胡椒的颜色均匀，无杂质或其他杂色为宜。 ·摇动胡椒粉产品，可以看到粉末松散，无受潮结块。	·未开封：保存期限大部分为两年，存于阴凉干燥处即可。 ·开封后：打开使用后，加盖密封好并存于阴凉通风处，则可以延续原保存期限，但应避免混入其他物质或受潮，以免变质或发霉。 ·开封后若盒盖不见了，可以用保鲜膜完整包覆，存于阴凉通风处，或是冷藏保存。 ·塑料袋装打开后，可以用橡皮筋绑紧袋口，或是分装于夹链袋并密封好，一样存于阴凉通风处，或是冷藏保存。

若罐装盒盖不见了，罐口可以用保鲜膜完整包覆。

数种胡椒罐或香料罐可以放入收纳盒保存，取用时非常方便。

Point
E

中药材香料

中药材与香料两者定义不同，中药材属于中华文化对传统中医药草之统称，对人体具有疗效，主要药性为"四气五味"，四气也称为"四性"，为"寒、热、温、凉"四种药性，五味为"酸、咸、甘、苦、辛"，中药和食物一样所具有的基本味道。香料指能够赋予食物香气的调味香料，而中药材香料则指能够赋予食物香气的中药材调味料。

中药材香料在烹调上主要的两大功能为滋补人体、赋予食物气味，它的种类与数量相当丰富，可以分成烹调用的香料药材、药膳药材两种。

① 香料药材

主要赋予食物各种不同风味与气味，同时亦有其中药药性，对人体机能有某些程度的帮助。日常生活中比较常使用的卤包，就含有这类香料药材，例如八角、花椒、甘草、月桂叶、肉桂、茴香、桂枝、丁香、胡椒、草果、孜然、姜黄，种类与数量非常多，大多数以原干燥物状态使用，也有部分研磨成粉再使用，例如花椒粉、八角粉、肉桂粉。

② 药膳药材

主要功能为滋补人体，有调养或改善体质、强化气血、保健强身、增强人体免疫力或协调人体的作用，比较常见的有坐月子、冬令进补、调理经期的药膳餐饮等，例如复方的四神、四物、八珍、十全，以及单一药材的何首乌、党参、枸杞、川贝、红枣、冬虫夏草，种类与数量亦相当繁多，不胜枚举。

以下将介绍几款药膳药材，无论是复方药膳或是单一药材，都属于中药类而非一般日常饮食，因此使用上必须经过中医师专业诊断，再根据个人的体质决定适合与否，并选择适当的药材搭配与食用，切记不可任意使用中药材进补，以免适得其反或产生负面影响。

· 四神

又称为四臣，包含淮山（山药）、芡实、莲子、茯苓四味，属于平补药膳，适合各种体质，药理功效为健脾固胃、增加体力，最常见即是四神汤。

· 四物

包含当归、川芎、白芍、熟地（或生地），属于四性中的热性。不适合生理期异常、燥热体质、感冒、身体发炎、胃肠不适者食用，药理上有养血疏筋、调经止痛等补血功效，最常见即是四物汤。

· 四君子

包含人参、白术、茯苓、炙甘（甘草），药性温和，药理功效为补气、健脾养胃，不适合夏季饮用，感冒、发热以及身体发炎者皆不宜食用，最常见即是四君子汤。

· 八珍

八珍即四物加上四君子，包含当归、川芎、白芍、熟地（或生地）、人参、白术、茯苓、炙甘，药性平和，药理功效为气血双补，增强体力与免疫力，适用于诸病后调补，而脾胃虚寒者、感冒患者、月经来潮时皆不宜食用，最常见即是八珍汤。

· 十全

即八珍加上肉桂、黄芪，药性温和、补气补血，对于产后、术后或病后都具有调理功效，不适合热性体质、女性经期、有免疫疾病者食用，最常见即是十全大补汤。

〔 **香料药材、药膳药材** 的选购＆保存 〕

选购方式	保存方式
选购时注意保存期限，应未被超过或接近。 外包装应完整、无破损。包装方式有真空密封包装、塑料袋装、塑料盒装。 外包装透明者，应可以清楚看到内容物的颜色均匀，形状完整，无杂质、变质，并且没有长蛀虫，取出闻无异味。 药膳药材包大部分用塑料袋、厚纸包装，宜确认外观干净、无沾到水、内容物无变质、无异味、无受潮。	未开封：以真空密封的未开封中药材，保存期限大部分为两年，放置阴凉通风处，或冷藏保存、冷冻保存皆可。 开封后：中药材在使用后包裹好并妥善收纳，则可延续原本保存期限，但应尽快在变质或发霉前使用完毕。保存时须密封好放置阴凉通风处，或冷冻保存以维持较佳质量；勿混入其他物质或受潮，以避免变质、发霉。 如果是一般中药房以纸包覆的散装中药材，应该再用密封袋或保鲜盒等进行完整密封。 单一中药材保存期限大约为 12 个月，复方中药材因为含不同性质的中药材，保存期限相对比较短，大约 6 ~ 8 个月，如果是含有湿气的中药材，例如熟地，在没有另外分开包的状态下，则保存期限更短，大约 1 ~ 3 个月，宜放置冰箱冷藏或冷冻保存。

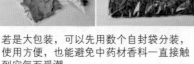

若是大包装，可以先用数个自封袋分装，使用方便，也能避免中药材香料一直接触到空气而受潮。

数种中药材香料可以放入收纳盒，再放入冰箱保存，取用时更为方便。

细砂糖

White Sugar / Fine Granulated Sugar

小档案

细砂糖是用甘蔗制成的结晶糖，统称为蔗糖或砂糖，蔗糖依结晶颗粒大小与色泽的不同，区分成黄糖（二砂糖）、特砂糖、细砂糖。制作蔗糖所产生的第一次结晶糖即为黄糖，台湾地区称为二砂糖；特砂糖与细砂糖统称为白糖，为黄糖经过漂白、溶解、去除杂质，并且去除所有风味后，仅剩下的单纯甜味的高纯度蔗糖。特砂糖和细砂糖制程相近，都是经由多重加工结晶所制成的，两者差别在于颗粒大小不同，特砂糖颗粒比较粗，细砂糖颗粒比较细。细砂糖除了广泛使用于料理的甜味调味外，亦是烘焙甜点最常使用的糖，可以改变食物的口感、加强保水性，在制作果酱时，含糖量越高越能延长保存时间。

使用方法

与其他食材或调味料拌匀成酱汁或酱料，或是加入食材中一起烹调或烘焙，当作调味料使用。

保存期限（未开封）　**2** 年 YEARS

如何保存

未开封时放置阴凉通风处，避免阳光直射；开封后，放阴凉处并尽快使用完毕。

室温 **OK**　　冷藏 **NO**

适合烹调法

炒　烤　煮　熘

卤　蘸酱　打汁

外 观

具有透明感的白色结晶方体，摸起来均匀一致的细粒。

味 道

具有甜味，料理调味常用，烘焙也常用。

特 色

白砂糖依照颗粒大小，可以分成许多等级，例如粗砂糖、一般砂糖、细砂糖、特细砂糖、幼砂糖，其中细砂糖使用最广泛。

酱汁 | 盐焦糖奶油酱

🍳 烹调示范	🥄 完成份量	🕐 烹调时间
黄经典	**180** g	**10** 分钟
〰 火候控制	中小火	

保存期限	🔴室温 NO	❄冷藏 3 年	❄冷冻 NO

材料

水 80g、动物性稀奶油 50g

调味料

细砂糖 50g、盐 5g

Tips

1. 倒入水的动作须轻缓，请勿大力将水冲入锅中，以免焦糖酱溅起而烫伤。

2. 焦糖通过焦化作用产生焦香气味，但焦化程度勿过头，以免产生苦味而破坏风味。

1

细砂糖放入汤锅，加入 50g 水，让水均匀湿润细砂糖。

2

以中小火慢慢煮，煮到糖溶化且呈现浅咖啡色即为焦化。

3

再小心加入剩余 30g 水，继续煮至微滚。

4

接着加入盐、动物性稀奶油，边加热边拌匀至微滚并变成深咖啡色即完成。

51

料理 | **盐焦糖奶油烤布丁**

🍲 烹调示范	🥄 食用份量	🕐 烹调时间
黄经典	**2** 人份	**60** 分钟
〰 火候控制	中火→烤箱140℃	

材 料

鸡蛋 80g、牛奶 150g、
动物性稀奶油 50g、细砂糖 7g

酱 汁

盐焦糖奶油酱 100g

1

鸡蛋敲开后倒入搅拌
盆，用打蛋器搅拌均
匀备用。

 Tips

1. 牛奶勿煮至完全滚沸，只要维持80℃左右即可，以免
   将鸡蛋熟化而影响布丁口感。

2. 通过滤网可以滤除布丁液的杂质，能让烤好的布丁质
   地更细致滑顺。

下页

2

牛奶、动物性稀奶油、细砂糖依序倒入汤锅。

5

通过滤网滤除泡沫和杂质，再次搅拌均匀即为布丁液。

8

接着倒入耐烤容器（或布丁模）至八分满，间隔排入烤盘。

10

采低温蒸烤30～40分钟至焦糖布丁液完全熟，取出后降温即可。

3

以中火加热，边加热边拌匀至大约80℃。

6

将盐焦糖奶油酱倒入布丁液中。

9

小心倒入冷水至烤盘一半高度，接着放入以140℃预热好的烤箱。

4

再倒入步骤 1 的蛋液中，搅拌均匀。

7

继续用打蛋器拌匀，再倒入有尖嘴的大量杯。

 Tips

3. 判断布丁熟的方法：可以用竹签插入布丁液，竹签拉起来若完全干净，表示熟了。
4. 烤好的布丁温温吃，或是放入冰箱冷藏至凉，又有一番不同口感，你可以比较看看。

1

细砂糖放入汤锅，倒入水，让水均匀湿润细砂糖。

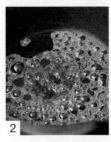

2

以中小火加热，边煮边摇晃锅子，直到细砂糖煮至溶化且呈现透明色泽。

3

持续以中小火加热，煮至变成浅咖啡色，并逐渐呈现深咖啡色焦化即完成。

酱汁 | 焦糖酱

🍳 烹调示范	🥄 完成份量	🕐 烹调时间
黄经典	**50** g	**8** 分钟
〰 火候控制	中小火	

保存期限 🍯室温 **5** 天 ❄冷藏 **NO** ❄冷冻 **NO**

材料
水 20g

调味料
细砂糖 30g

Tips

1. 煮这道焦糖酱时，不可以搅拌，以免结晶而导致失败。
2. 焦糖焦化时温度上升非常快，很快就会焦黑，所以请勿煮太久，以防止味道变苦。

料理 | 焦糖奶酪

🍲 烹调示范	🥄 食用份量	🕐 烹调时间
黄经典	**2** 人份	**5** 分钟
🔥 火候控制	中火	

材料
吉利丁 2 片（4g）、牛奶 200g、
动物性稀奶油 100g

调味料
细砂糖 20g

酱汁
焦糖酱 50g

Tips 待奶酪冷却后再覆盖一层保鲜膜，并直接放入冰箱冷藏，以维持奶酪表面光滑细致。

3

牛奶、动物性稀奶油、细砂糖倒入汤锅，以中火加热至微滚即可关火。

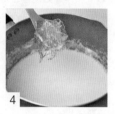

4

再加入泡软的吉利丁，搅拌均匀至吉利丁完全溶化。

1

吉利丁泡入冰开水，等待泡至变软，捞起后稍微拧干备用。

2

焦糖酱平均倒入容器（或玻璃杯）。

5

接着倒入已装盛焦糖酱的容器，放置冷却后覆盖一层保鲜膜，再放入冰箱，冷藏4～6小时至凝固即可。

黄砂糖

Refined Gold Sugar

小档案

黄砂糖在台湾地区称为二号砂糖、二砂糖、红糖，属于未精炼之蔗糖，保有较多甘蔗营养成分，色泽淡黄透红，颗粒大而均匀，甜味比较高，适合各种烹调以及甜汤使用。黄砂糖是蔗糖经过分蜜后的结晶体，又称为分蜜糖。由于未经过精炼，营养价值高，含一些营养素及微量元素，所以具有保健功能。黄糖属于温性食材，有助于人体补充能量、活络气血，对寒弱体质的人有益，寒冷天气时，喝黄糖水也有保暖的作用。

使用方法

与其他食材或调味料拌匀成酱汁或酱料，或是加入食材中一起烹调或烘焙，当作调味料使用。

保存期限
（未开封）

2 年
YEARS

如何保存

未开封时放置阴凉通风处，避免阳光直射；开封后，放阴凉处并尽快使用完毕。

室温	OK	冷藏	NO

适合烹调法

炒	烤	煮	卤
烧	烩	蘸酱	

外 观

颜色为淡黄略偏红的结晶方体，摸起来呈现均匀一致的粗粒。

味 道

甜味高，带有些微糖蜜风味，糖度达 88% 以上。

特 色

具有甘蔗的甜香，适合用在料理和甜点上，可以增加产品风味及外表颜色，经过烘烤后，甜点、蛋糕表面会变成褐色并散发出香气。

1

黄砂糖放入汤锅，加入 120g 水。

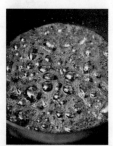

2

以中小火慢慢煮，煮到糖溶化且呈现浅咖啡色即为焦化。

酱汁 | **黄砂糖浆**

🍲 烹调示范	🥄 完成份量	🕐 烹调时间
黄经典	**250** g	**10** 分钟
〰 火候控制	中小火	

保存期限 🔥 室温 **NO**　❄ 冷藏 **7** 天　❄ 冷冻 **8** 个月

材料

水 200g

调味料

黄砂糖 50g

3

再小心加入剩余 80g 水，继续煮至微滚并变成深咖啡色即可。

 Tips

1. 糖溶化过程勿搅拌，请用摇晃方式，可以避免糖结晶。
2. 黄砂糖焦化目的在于产生焦香味，但不可过度焦化，以免影响糖浆风味。

57

1

黄豆泡入一盆水（配方外），等待 6～8 小时至膨胀，洗净后捞起，沥干水分。

2

烧石膏粉、地瓜粉放入搅拌盆，混合搅拌均匀。

下页

料理 | 红豆豆腐花

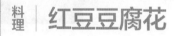

🍲 烹调示范	🥄 食用份量	🕐 烹调时间
 黄经典	**2** 人份	**20** 分钟
🌊 火候控制	小火	

材料

烧石膏粉 3g、地瓜粉 7g、冷开水 20g、黄豆 50g、水 500g、蜜红豆 30g

酱汁

黄砂糖浆 150g

3 再倒入冷开水，搅拌均匀，过滤于另一个容器备用。

6 通过滤网，滤除渣和杂质。

8 将步骤3的石膏地瓜浆冲入清浆，搅拌均匀，即为豆花液。

10 再放置室温，等待50分钟变凝固，接着放入冰箱冷藏至凉。

4 黄豆放入果汁机，再倒入水。

7 豆浆倒入汤锅，以小火加热，边煮边搅拌至滚后，继续煮6~8分钟至泡沫完全消除，关火，即为清浆，放置降温到90℃。

9 通过滤网滤除泡沫和杂质，让完成的豆花更细致。

11 取出冰凉的豆花，舀适量于碗中，再倒入适量糖浆、蜜红豆即可食用。

5 盖上盖子，搅打均匀成细致豆浆。

 Tips 清浆静置至凝固到冷却成豆花期间，不可以进行任何搅拌动作，以免影响凝固成形，而导致豆花失败。

黄砂糖放入汤锅，水继续倒入汤锅。

用汤匙搅拌均匀，让后续加热溶化更快速。

以小火加热，边煮边搅拌至黄砂糖溶化，关火后放凉即完成。

酱汁 | 酵素糖浆

🍲 烹调示范	🥄 完成份量	⏱ 烹调时间
👤 王陈哲	**1100** g	**3** 分钟
〰 火候控制	小火	

保存期限　🌡室温 **NO**　❄冷藏 **3** 天　❄冷冻 **6** 个月

材 料
水 1000g

调 味 料
黄砂糖 100g

Tips 可依照个人喜好，增减黄砂糖份量以调整甜度。

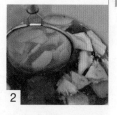

2

所有苹果、凤梨、红心火龙果放入发酵桶，再倒入酵素糖浆，搅拌均匀。

3

盖上桶盖，并放置阴凉处等待发酵，每天早晚打开桶盖各一次，并搅拌1分钟。

料理 | 四季水果酵素

🍲 烹调示范	🥄 食用份量	🕐 烹调时间
王陈哲	**2** 人份	无
🔥 火候控制	**无**	

材料

苹果 170g、凤梨 200g、红心火龙果 130g

酱汁

酵素糖浆 1100g

Tips

1. 装水果酵素汁的瓶子需要先用滚水煮过并晾干。
2. 水果可以换成水梨、柠檬、青木瓜，但西瓜、椰子不适合做四季水果酵素。
3. 完成的四季水果酵素，密封状态下放入冰箱冷藏，大约可以保存14天。

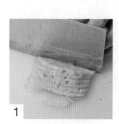

1

苹果去皮后切薄片，凤梨去皮后切薄片，红心火龙果去皮后切薄片，备用。

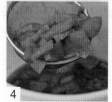

4

持续搅拌3天，待发酵完成后，捞起果渣，水果酵素汁装入消毒过的瓶子即可。

冰糖

Crystal Sugar

小档案

冰糖是由白砂糖高温提炼,萃取其单糖自然结晶所制成的一颗一颗的产物,是含糖纯度最高的糖类,由于外形结晶呈现碎冰状,所以称为冰糖。自然成形的冰糖颜色有白色、微黄、灰色等,人造的冰糖是由细砂糖经过溶解后再形成的结晶体,外观呈现透明或半透明。冰糖的纯度越高,则稳定性越佳,越不容易变质。烹调料理或制作甜品时,加入一些冰糖会有增稠效果,让酱汁更加浓郁。冰糖广受大众喜爱,可以加入食材炖煮,或用来煲汤、制作甜品等,例如炖冰糖梨汤、做冰糖葫芦。遇感冒初期的干咳症状,就可以用冰糖梨汤来舒缓不适。

使用方法

与其他食材或调味料拌匀成酱汁或酱料,或是加入食材中一起烹调或烘焙,当作调味料使用。

保存期限
(未开封)

2 年
YEARS

如何保存

未开封时放置阴凉通风处,避免阳光直射;开封后,放阴凉处并尽快使用完毕。

室温	OK	冷藏	NO

适合烹调法

烤	煮	卤
烧	烩	蘸酱

外观

呈现透明或半透明的结晶方体,颗粒大,尺寸不一致。

味道

属于甜味比较高的糖类,质地清爽不腻。

特色

冰糖的糖性稳定,所以食入后不会有食用砂糖后产生的燥热酸苦的口感,非常适合用来调制茶类、咖啡饮品,烹调时也不容易酸化,能保持食材原本的风味及口感。

颜色

由于结晶如冰状,所以称为冰糖,又有另一个名称是冰粮。冰糖分成单晶体、多晶体两种,呈现透明或半透明状,自然生成的冰糖有白色、微黄、灰色等。

1 冰糖、盐、水放入汤锅，搅拌均匀。

2 以小火加热，边煮边搅拌至冰糖完全溶化，关火后放凉。

3 再倒入白醋、干辣椒，搅拌均匀，放置1分钟待入味即可。

酱汁 | 冰糖醋汁

🍲 烹调示范	🥄 完成份量	🕐 烹调时间
👨 王陈哲	**410** g	**3** 分钟
〰 火候控制	小火	

保存期限　❄常温 **NO**　❄冷藏 **14** 天　❄冷冻 **6** 个月

材料
水 150g、干辣椒 2g

调味料
冰糖 180g、盐 5g、白醋 75g

Tips
1. 白醋不可以煮滚，以维持最佳风味。
2. 冰糖醋汁可依照个人需求做甜度调整。

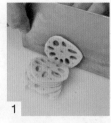

1

莲藕去皮后切薄片。

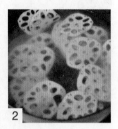

2

准备一锅滚水，将莲藕放入滚水中，并倒入白醋，以中火煮滚且莲藕熟软。

3

捞起后放凉，再放入冰糖醋汁，拌匀后盛入密封保鲜盒，盖上盒盖，接着放入冰箱冷藏 12 小时待入味即完成。

料理 | 冰糖莲藕

🍲 烹调示范	🥄 食用份量	🕐 烹调时间
👤 王陈哲	**2** 人份	**10** 分钟
〰️ 火候控制	中火	

材料

莲藕 300g

调味料

白醋 20g

酱汁

冰糖醋汁 200g

Tips

1. 莲藕煮熟后务必放凉，再泡入冰糖醋汁，如此可以避免腐坏而滋生细菌。

2. 莲藕可以换成豆薯、圣女小番茄。

3. 这类糖醋为主的腌制食物，保存时必须阻隔空气完整密封，如冷藏可保存 1 个月。

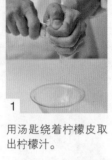

1

用汤匙绕着柠檬皮取出柠檬汁。

2

水、冰糖倒入汤锅，搅拌均匀。

酱汁 | 冰糖柠檬汁

🥄 烹调示范	🥄 完成份量	🕐 烹调时间
👤 王陈哲	**425** g	**3** 分钟
〰 火候控制	小火	

保存期限　💧室温 NO　❄冷藏 **5** 天　❄冷冻 **6** 个月

材料
柠檬 50g、水 200g

调味料
冰糖 200g

 Tips
1. 柠檬汁不宜过度加热，否则影响酱汁风味。
2. 可依照个人需求增减糖和柠檬汁的份量，以调整甜度和酸度。

3

以小火加热，边煮边搅拌至冰糖溶化，关火后放凉，再加入柠檬汁，拌匀即完成。

料理 | 柠檬蜜地瓜

烹调示范	食用份量	烹调时间
王陈哲	**2** 人份	**10** 分钟
◊◊ 火候控制	大火→小火	

材料
地瓜 300g、水 400g

酱汁
冰糖柠檬汁 200g

Tips
1. 地瓜可换成圣女小番茄。
2. 柠檬汁不宜加热至滚，如此能避免酱汁风味变质。

1

地瓜去皮后切小块。

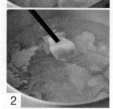

2

水煮滚，地瓜放入滚水，以大火煮滚后转小火，续煮至食物熟（用牙签轻松刺入表示熟了）。

3

捞起后放入搅拌盆待凉，并加入冰糖柠檬汁，拌匀后盛入密封保鲜盒，盖上盒盖，接着放入冰箱冷藏 6 小时待入味即完成。

蜂蜜

Honey

外 观

外观为黄褐色黏稠液状，随蜜源花朵的不同，色泽也稍微有差异。

味 道

除了具有甜味外，亦充满花蜜香气，食入后更能享受滑顺口感。

嗅 觉

闻一闻蜂蜜，若是真蜜，带有淡淡的花朵香气；而假蜜就完全没有花香味，或是味道不自然。

目 测

蜂蜜大部分用透明玻璃瓶装盛，可以用手指衬在玻璃瓶身后，肉眼在瓶身前方直视，若是真蜜，则视线比较模糊且看不清楚手指；若是假蜜，则内容清澈，可以清楚看见手指的状态。

小档案

蜂蜜是蜜蜂从植物花朵里采到花蜜后，先储存至胃中，经过转化酶发酵后送回蜂巢，再由专门的蜜蜂酿制而得到的糖蜜。蜂蜜来源花朵不同，其色泽、风味与结晶状况皆有所差异。蜂蜜主要由果糖和葡萄糖两种单糖所组成，富含多种矿物质、维生素和氨基酸等营养素，营养价值非常高，更容易被人体吸收。蜂蜜属于饱和糖溶液，在15℃以下的环境中，成分中的葡萄糖容易产生结晶现象。分辨真假蜜时，可以用冷开水冲泡蜂蜜，将冲泡好的蜜水放入保特瓶摇一摇，再从产生的泡沫判断蜜的真假，真蜜的泡沫比较细致绵密，而假蜜的泡沫比较粗大且容易消失。

使用方法

与其他食材或调味料拌匀成酱汁或酱料，或是加入食材中一起烹调或烘焙，当作调味料使用。

保存期限
（未开封）

3 年
YEARS

如何保存

未开封时放置阴凉通风处，避免阳光直射；开封后，放阴凉处并尽快使用完毕。

室温	**OK**	冷藏	**NO**

适合烹调法

烤	煮	打汁
蘸酱		凉拌

1

草莓去蒂，果肉切小丁备用。

2

洋葱去皮后切末；香菜切末，备用。

3

用汤匙绕着柠檬皮取出柠檬汁10g。

酱汁 | 草莓莎莎酱

🍲 烹调示范	🥄 完成份量	🕐 烹调时间
黄经典	**75** g	**5** 分钟
〰 火候控制	无	

保存期限	💧室温 **NO**	❄冷藏 **2** 天	❄冷冻 **NO**

4

草莓、洋葱、香菜放入搅拌盆，并倒入柠檬汁、所有调味料。

材料

草莓 50g、洋葱 5g、香菜 5g、柠檬 35g

调味料

蜂蜜 5g、黑胡椒碎 2g、盐 2g、冷压初榨橄榄油 5g

5

用汤匙搅拌均匀，即完成草莓莎莎酱。

> **Tips**
> 1. 利用黑胡椒粒现磨，能让酱汁风味更佳。
> 2. 草莓莎莎酱完成后尽快食用，才能维持水果的新鲜口感与风味，最多适合冷藏两天，所以勿一次制作太多。

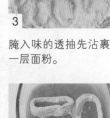

3

腌入味的透抽先沾裹一层面粉。

4

再沾裹一层蛋液、面包粉。

料理 | 酥炸透抽佐草莓莎莎酱

🍲 烹调示范	🥄 食用份量	🕐 烹调时间
黄经典	**2** 人份	**2~3** 分钟
〰 火候控制	\multicolumn{2}{c}{中火加热至180℃}	

材料

透抽 150g、全蛋 30g、中筋面粉 50g、面包粉 80g

调味料

盐 5g、白胡椒粉 5g、白酒 15g

酱汁

草莓莎莎酱 75g

Tips

1. 如何判断 180℃油温，可以参见第 22 页。
2. 透抽炸熟就可以捞起来，勿炸太久，才能维持最佳口感。
3. 这道料理属于热的开胃菜，宜趁热食用，可以保有新鲜风味。

1

透抽切宽度 1cm 圈状，再放入搅拌盆；全蛋打散，备用。

2

加入盐、白胡椒粉、白酒，搅拌均匀，腌 5~10 分钟待入味。

5

放置 5 分钟待返潮（外层裹粉和透抽充分融合），以中火加热一锅色拉油至 180℃，透抽放入油锅，炸 2~3 分钟至呈金黄色，捞起后沥油，盛盘，蘸草莓莎莎酱食用。

1

百香果对切，挖出果肉和汁，再放入汤锅备用。

2

接着加入冰糖，搅拌均匀。

3

以小火加热，边煮边拌约10分钟，会逐渐变浓稠。

酱汁 | 百香果蜜酱

🍲 烹调示范	🥄 完成份量	🕐 烹调时间
王陈哲	**235** g	**10** 分钟
〰 火候控制	小火	

保存期限　🌡室温 **NO**　❄冷藏 **14** 天　❄冷冻 **NO**

材料
百香果 150g

调味料
蜂蜜 10g、冰糖 75g

Tips
1. 可依个人喜好，调整蜂蜜和冰糖的份量。
2. 蜂蜜比较浓稠，宜最后加入汤锅，才容易与其他材料拌匀。

4

最后加入蜂蜜，搅拌均匀，关火后放凉即完成。

料理 | 百香蜜苦瓜

🍲 烹调示范	🥄 食用份量	🕐 烹调时间
王陈哲	**2** 人份	无
🔥 火候控制	无	

材料

绿苦瓜 150g

酱汁

百香果蜜酱 50g

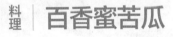

Tips

1. 绿苦瓜的白膜必须取干净，才不会有苦涩味。

2. 绿苦瓜冰镇后，也能减少苦味。

3. 绿苦瓜可以换成西洋芹、豆薯。

1

用汤匙刮出绿苦瓜的籽。

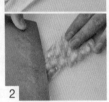

2

用刀削除白膜，翻面后切成薄片。

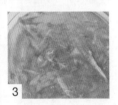

3

绿苦瓜片放入冰块水，冰镇约10分钟。

4

捞起后沥干水分，盛盘，淋上百香果蜜酱，拌匀即可食用。

红糖

主要产地
亚洲国家

Brown Sugar

小档案

也称为黑糖（台湾地区采用这一称法），以及赤糖、紫糖，属于未精炼的蔗糖，含有较多甘蔗原始的营养成分，外观为深咖啡色，常制成块状，粉末状态的颗粒细小而且有些不均匀，糖度达89%以上。红糖是精制程度最低的糖类，营养价值亦最高，成分除了蔗糖外，仍然保留部分矿物质、维生素，有利于人体的新陈代谢、酸碱平衡，女生在生理期来临时也可以喝一些红糖水活络气血，让月经排得比较顺，同时补充体力。红糖因为粗制，含有比较多营养素，所以产品外观越粗越丑，如表面具有坑洞、稍微有白色结晶，反而表示质量越好。红糖适合使用在料理、甜品中，例如红糖姜茶、红糖豆花等。

使用方法

与其他食材或调味料拌匀成酱汁或酱料，或是加入食材中一起烹调或烘焙，当作调味料使用。

保存期限
（未开封）

2 年
YEARS

如何保存

未开封时放置阴凉通风处，避免阳光直射；开封后，放阴凉处并尽快使用完毕。

💧 室温 **OK**	❄ 冷藏 **NO**

适合烹调法

炒	煮	卤
蘸酱		凉拌

外 观

深咖啡色，有成块的，如为粉末则颗粒细小、不很均匀。

味 道

具有浓郁甜味，而且香气迷人，属于营养价值比较高的糖类。

特 色

由于红糖的糖蜜含量比较高，水分和杂质也比较多，因此不宜放太久，没用完时请用保鲜盒完全密封，并且避免水分渗入受潮，若受潮或变质，就不宜食用。

1

老姜切片后放入果汁机，倒入水。

2

盖上盖子，搅打均匀成汁，再倒入汤锅。

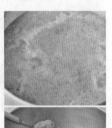

3

以大火煮滚，转小火煮约5分钟，加入红糖，边煮边拌匀至红糖完全溶化，关火后放凉。

4

再通过滤网滤除渣，即完成姜汁红糖浆。

酱汁 | 姜汁红糖浆

🍲 烹调示范	🥄 完成份量	🕐 烹调时间
黄经典	**200** g	**6** 分钟
〰 火候控制	大火→小火	

保存期限	🌡室温 **NO**	❄冷藏 **5** 天	❄冷冻 **6** 个月

材料
老姜 40g、水 150g

调味料
红糖 50g

Tips 搅打成汁后，姜碎容易分布于红糖浆，可以用细筛网或纱布滤除渣。

73

料理 | 姜汁红糖杏仁豆腐

🍲 烹调示范	🥄 食用份量	🕐 烹调时间
黄经典	**2** 人份	**20** 分钟
◊◊ 火候控制	中火➝小火	

材料

吉利丁 2 片（4g）、
牛奶 300g、杏仁粉 15g

调味料

细砂糖 10g

酱汁

姜汁红糖浆 100g

1

吉利丁泡入冰开水，
完全浸泡至变软。

2

捞起吉利丁，并且稍
微拧干备用。

Tips 1. 牛奶不需要煮到滚沸，只要温热即可。

下页

4

边加热边搅拌，煮至细砂糖完全溶化，关火后放凉。

7

接着放入冰箱，冷藏4～6小时至凝固后取出。

3

牛奶倒入汤锅，以中火煮热（不宜煮滚），转小火，依序加入杏仁粉、细砂糖。

5

通过滤网滤除泡沫和杂质，成为细致的杏仁牛奶浆。

6

杏仁牛奶浆平均盛入容器，放置一旁待冷却，再覆盖一层保鲜膜。

8

姜汁红糖浆淋在凝固的杏仁豆腐上即可。

Tips 2. 放凉的杏仁牛奶浆盛入容器后，先覆盖一层保鲜膜，再放入冰箱冷藏，可以让凝固后的成品更光滑平整。

料理 | # 姜汁红糖圆汤

🍲 烹调示范	🥄 食用份量
黄经典	**2** 人份

材料
水 500g、汤圆 100g
酱汁
姜汁红糖浆 100g

做法
1 水倒入汤锅，以中火煮滚。
2 加入汤圆煮至浮在水面且熟。
3 再加入姜汁红糖浆，搅拌均匀，关火即可。

麦芽糖

Maltose

小档案

麦芽糖的分子结构为两分子葡萄糖结合而成，它是米、大麦、粟或玉米等食材中的淀粉经过酶的分解而形成的，人在进食淀粉后就会在口中由唾液将其分解成麦芽糖。麦芽糖形态为黏稠膏状，也可以制成结晶体，甜度仅为蔗糖的1/3，甜味中带有麦芽香气。适合直接食用，本身是一种古早味点心，也适合用在料理中调味，或用于烘焙。麦芽糖是一种平价的营养糖类，男女老少几乎都喜欢，它容易被人体消化和吸收，这是它受欢迎的一个原因。市售廉价的麦芽糖是用淀粉糖浆制作，甜度高而且质地比较硬，同时也少了麦芽香气与营养。

使用方法

与其他食材或调味料拌匀成酱汁或酱料，或是加入食材中一起烹调或烘焙，当作调味料使用。

保存期限
（未开封）

2 年
YEARS

如何保存

未开封时放置阴凉通风处，避免阳光直射；开封后，放阴凉处并尽快使用完毕。

| ♨ 室温 | OK | ❄ 冷藏 | NO |

适合烹调法

烤　　煮　　卤

炖　　烧

外 观

琥珀色、半透明的黏稠膏状。

味 道

具有甘甜风味和浓稠口感，并且带有麦芽清香气。糖度仅达45％。

特 色

麦芽糖甜味不高，但碳水化合物含量非常高，因此热量也比较高。麦芽糖性微温，适量食用具有健脾益胃、润肺止咳的功效。

1

酱油、白醋、米酒依序倒入汤锅，接着放入柴鱼片、麦芽糖、黄砂糖，以中火加热，边加热边拌匀，直至煮滚。

2

转小火煮至浓缩至原来一半分量，关火后放凉，通过滤网滤出柴鱼片和杂质即可。

酱汁 | 大阪烧酱

🍲 烹调示范	🥄 完成份量	🕐 烹调时间
黄经典	**80** g	**15** 分钟
🔥 火候控制	中火→小火	

保存期限	💧室温 **NO**	❄冷藏 **7** 天	❄冷冻 **6** 个月

材料
柴鱼片 5g

调味料
酱油 50g、白醋 10g、米酒 50g、麦芽糖 50g、黄砂糖 2g

Tips 大阪烧酱和照烧酱用法一样，可直接当作蘸酱，也可以加入菜肴中烹调。

料理 | 和风大阪烧

🍲 烹调示范	✒ 食用份量	⏱ 烹调时间
黄经典	**2** 人份	**20** 分钟
◊◊ 火候控制	中小火	

材料

高丽菜 30g、鸡肉 20g、水 80g、中筋面粉
100g、鸡蛋 1 个、柴鱼片 2g、熟白芝麻 2g

调味料

盐 3g、色拉油 30g、美乃滋 10g

酱汁

大阪烧酱 20g

 Tips 煎这类面饼，必须注意表面色泽与内部熟度，勿以大火烹调，以免表面焦黑而内部未熟。

高丽菜切丝；鸡肉切
小丁，备用。

1

水、中筋面粉、鸡蛋
放入搅拌盆，加入
盐，搅拌均匀，放入
高丽菜、鸡肉丁，搅
拌均匀即为面糊。

2

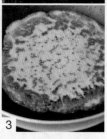

3

以中小火热锅，倒入
色拉油，定点加入面
糊，让面糊往外扩散
成为圆形，并用锅铲
轻压面糊成厚度一
致，煎至一面呈金黄
色，翻面后续煎至两
面金黄酥脆。

4

取出后切成 8 等份，
盛盘、均匀刷上大阪
烧酱，挤上美乃滋，
撒上柴鱼片、熟白芝
麻即可。

盐

Salt

主要产地
全世界

外 观

白色的立方结晶体。盐的颗粒有粗细之分，我们常用的食盐颗粒比较细致。

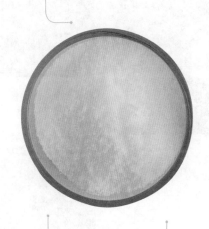

挑 选

质佳者颜色洁白，结晶整齐一致，整体不结块、坚硬光滑，闻起来无特殊气味。

味 道

具有咸味，广泛运用于各种料理烹饪与点心制作。

小 档 案

烹调最常用的盐颗粒比较细，又称为精盐；当中又以碘盐最常见，其主要成分为氯化钠，含量将近99%，其余成分中含碘。精盐适用于各种烹调的调味、腌制以及点心烘焙。食盐是海水经过纯化处理、过滤杂质后的产物，几乎不含其他天然矿物质，所以营养价值也比较低。食盐含有的矿物质主要是钠，钠有益健康，但人体对钠的需求量很少，每天摄取适量就好，能避免中风及其他心血管疾病。

使 用 方 法

与其他食材或调味料拌匀成酱汁或酱料，或是加入食材烹煮，当作调味料使用。

保存期限（未开封）

3 年 YEARS

如 何 保 存

未开封时放置阴凉通风处，避免阳光直射；开封后，放阴凉处并尽快使用完毕。

室温	**OK**	冷藏	**NO**

适合烹调法

炒	煮	熘	卤
汆烫	蘸酱	腌制	

1 水、细砂糖、盐依序放入汤锅。

2 搅拌均匀后，以小火加热，边煮边拌至细砂糖溶化。

3 关火后放凉，即完成清澈的白卤汁。

酱汁 | 白卤汁

🍲 烹调示范	🥄 完成份量	🕐 烹调时间
👤 王陈哲	**485** g	**3** 分钟
〰️ 火候控制	小火	

保存期限　🔥室温 **NO**　❄️冷藏 **7** 天　❄️冷冻 **6** 个月

材料

水 430g

调味料

细砂糖 25g、盐 30g

Tips

1. 白卤汁非常适合炒青菜，可以依照个人喜欢的咸甜度，调整盐、细砂糖的分量。

2. 白卤汁放凉后，可以分装成需要的份量，再放入冰箱冷冻保存。

2

丝瓜切成半圆薄片，青葱切小段，备用。

3

中姜去皮后，再切成丝备用。

料理 | **蛤蜊丝瓜**

▦ 烹调示范	🥄 食用份量	🕐 烹调时间
王陈哲	**2** 人份	**5** 分钟
◌◌ 火候控制	中火	

材料

蛤蜊 100g、丝瓜 300g、中姜 *10g、
青葱 5g、水 150g

酱汁

白卤汁 30g

1

取一锅 1000g 水，加入 10g 盐，拌匀即为盐水，蛤蜊放入盐水待吐沙。

4

丝瓜、水、中姜、青葱、蛤蜊放入汤锅，并倒入白卤汁，以中火煮约 5 分钟至食物熟软，蛤蜊壳打开即可食用。

Tips

1. 可以金针菇、杏鲍菇替换蛤蜊。
2. 蛤蜊先浸泡于盐水待完全吐沙，如此能避免烹调时产生沙子，而影响料理口感。

编者注：＊中姜指成长大约 8 个月，不嫩也不老的姜。

1

盐、细砂糖依序放入汤锅。

2

搅拌均匀后，以小火加热，边煮边搅拌至细砂糖熔化，关火后放凉。

3

再加入白醋，充分拌匀即完成。

酱汁 | 盐醋汁

🍳 烹调示范	🥄 完成份量	🕐 烹调时间
王陈哲	**330** g	**3** 分钟
〰️ 火候控制	小火	

保存期限 　💧室温 **NO**　❄冷藏 **14** 天　❄冷冻 **6** 个月

调味料

盐 30g、白醋 50g、细砂糖 250g

Tips
1. 白醋不宜煮滚，才可以维持盐醋汁最佳风味。
2. 盐醋汁可依照实际需求调整酸度和甜度。

绿橙取出果肉，果肉切小丁。

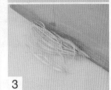

3

去除绿橙皮内层白膜，绿色皮切成丝。

料理 | 橙香萝卜

🍲 烹调示范	✏ 食用份量	🕐 烹调时间
王陈哲	**2**人份	无
🔥 火候控制	无	

材料

白萝卜300g、绿橙 50g

酱汁

盐醋汁 100g

Tips

1. 盐醋汁必须覆盖所有食材，才能腌制入味。
2. 白萝卜可以换成豆薯（也称白地瓜、凉薯）、圣女小番茄。
3. 完成的橙香萝卜在阻隔空气的密封状态下，可以冷藏保存7天。

1

白萝卜切成厚度0.5cm片状，放入搅拌盆。

4

绿橙果肉、皮、盐醋汁倒入步骤1搅拌盆，拌匀后盛入密封保鲜盒，盖上盒盖，接着放入冰箱冷藏12小时待入味即可。

1

无盐黄油放于室温，等待软化（可以轻松用汤匙刮取即可）；蒜仁切末，备用。

2

软化的无盐黄油、蒜末放入搅拌盆，并加入盐。

3

充分拌匀，即完成香蒜奶油酱。

酱汁 | 香蒜奶油酱

🍲 烹调示范	🥄 完成份量	🕐 烹调时间
黄经典	**70** g	无
〰 火候控制	无	

保存期限	💧室温 **NO**	❄冷藏 **7** 天	❄冷冻 **NO**

材 料

蒜仁 10g

调味料

无盐黄油 60g、盐 3g

Tips

1. 未使用完的香蒜奶油酱，可以放入冰箱冷藏，待使用前放室温软化即可。

2. 无盐黄油需要放在室温（20～25℃）待软化，千万不能以微波或隔水方式加热，以免黄油溶化成液体，而无法制作。

1

法国面包切成厚度
2cm 片状。

2

于法国面包一面均匀
抹上香蒜奶油酱。

3

排入烤盘，并均匀撒
上帕玛森起司粉。

4

放入以 250℃ 预热好
的烤箱，烤 3 ~ 5 分
钟至金黄酥脆，取出
后盛盘即可。

料理 | **香蒜奶油面包**

🍲 烹调示范	🥄 食用份量	🕐 烹调时间
黄经典	**2** 人份	**3~5** 分钟
〰 火候控制	烤箱250℃	

材料
法国面包 100g、帕玛森起司粉 10g

酱汁
香蒜奶油酱 70g

Tips
1. 撒上帕玛森起司粉，可以增加丰富味道。
2. 烘烤时以高温快速烤至起司粉熔化即可，并随时注意
  烤箱门状态，以免烤焦了。

85

海盐

Coarse Salt/Sea Salt

小档案

海盐又称粗盐，是食用盐的一种，主要成分为氯化钠，通常在露天盐田里通过蒸发晒干后结晶而成，未经过精制，所以颗粒比较粗而且不规则，含有较丰富的矿物质，略带鲜甜风味，价格也比一般食盐贵些。适合用于腌制，以及包覆食物一起烹煮。海盐是未经过加工的第一次盐，由于海水有污染问题，购买时多留意产地的情况。

使用方法

与其他食材或调味料拌匀成酱汁或酱料，或是与食材一起烹煮，当作调味料使用。

特 色

海盐除了可用于烹调外，还被当成美容护肤圣品，例如将海盐加入泡澡水，或加入洗面奶，可以清除毛孔里的污垢，达到清洁和美容的双重功效。

外 观

白色的结晶方体，形状不规则，颗粒比较粗。

保存期限
（未开封）
2 年
YEARS

如何保存

未开封放置阴凉通风处，避免阳光直射；开封后，放阴凉处并尽快使用完毕。

室温	OK	冷藏	NO

适合烹调法

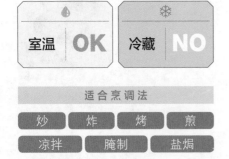

炒	炸	烤	煎
凉拌	腌制		盐焗

味 道

含丰富矿物质，咸度比较高，并且带鲜甜风味。

1

海盐、黑胡椒碎依序
倒入搅拌盆。

2

用汤匙混合拌匀。

3

再加入八角、干燥月
桂叶，轻轻拌匀即完
成八角胡椒海盐。

酱汁 | 八角胡椒海盐

🍲 烹调示范	🥄 完成份量	⏱ 烹调时间
王陈哲	**230** g	无
🍳 火候控制	无	

| 保存期限 | 🕐 室温 **1** 个月 | ❄ 冷藏 **3** 个月 | ❄ 冷冻 **6** 个月 |

调味料

八角 4g、干燥月桂叶 1g、海盐 225g、黑胡椒碎 4g

Tips　1. 海盐、黑胡椒碎这类细碎调味料需要先拌匀，再加入其他比较大的材料。
　　　　2. 拌好后必须放置阴凉通风处或冰箱保存，并密封完整以避免受潮。

八角胡椒海盐倒入平
底锅，均匀铺满。

依序排上白虾成圆
形，盖上锅盖。

以中火加热，焖煮约
5 分钟至白虾变红且
熟即可。

料理 | 盐焗鲜虾

🍳 烹调示范	🥄 食用份量	🕐 烹调时间
王陈哲	**2** 人份	**5** 分钟
🔥 火候控制	中火	

材料

白虾 300g

酱汁

八角胡椒海盐 150g

剪除白虾刺须后，挑
除肠泥并洗净，沥干
水分备用。

Tips

1. 烹调白虾时间勿太长，以免肉质变老而影
   响风味。
2. 白虾可以换成草虾、明虾。

色拉油

Soybean Oil

<table>
<tr><td>主要产地</td></tr>
<tr><td>全世界</td></tr>
</table>

外观

色泽呈现透明浅黄色。
是家庭中最常见的烹调油。

味道

稍微带点大豆清香的油脂味。

特色

未精炼色拉油发烟点大约在160℃；精炼色拉油发烟点大约在230℃，由于发烟点比较高，适合大火快炒、油煎。

小档案

又称为色拉油、大豆色拉油，大豆即是黄豆，是以大豆提炼制作出来的植物油。凝固点在 −15℃ 以下，未精炼色拉油的发烟点大约在 160℃，精炼色拉油的发烟点大约在 230℃。每一种烹调油的发烟点（介于熔点与沸点之间）皆有差异，只要温度达到发烟点以上，油就会开始变质，所以要了解每种油的特性和发烟点，才能选择适合的烹调油。色拉油为最常使用的烹调油，可以在低温条件下维持液态，适合用于制作沙拉酱、炸物，或是用于面糊、面团的调制等。色拉油价格亲民，产量比较充足，并且含丰富的人体必需脂肪酸，对人体健康有一定的益处。

使用方法

当作烹调油，亦可和其他食材或调味料拌匀成酱汁或酱料，或是与食材一起烹煮。

保存期限
（未开封）

2 年
YEARS

如何保存

未开封时放置阴凉通风处，避免阳光直射；开封后放置阴凉处，在变质或产生油耗味前使用完，注意勿沾到其他物质。

室温	OK	冷藏	OK

适合烹调法

炒	炸	煎
煮	烧	烩

酱汁 | 葱香油&葱蒜酥

🍲 烹调示范	🥄 完成份量	🕐 烹调时间
黄经典	**150** g	**2~3** 分钟
🔥 火候控制	中小火加热至160℃	

| 保存期限 | 🌡室温 NO | ❄冷藏 **6** 个月 | ❄冷冻 NO |

材料
红葱头 15g、蒜仁 15g

调味料
色拉油 160g

Tips
1. 葱香油完成后所产生的葱蒜酥，亦是提升料理香气的重要食材。
2. 当蒜仁、红葱头油炸成金黄色时，请立即滤出，以免持续加热而导致色泽变深，则葱蒜酥比较容易产生焦苦味，而无法后续运用。

1
红葱头去皮后切末，蒜仁切末，备用。

2
色拉油倒入锅中，以中小火加热至160℃。

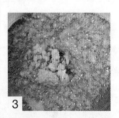

3
再放入红葱头末、蒜末，炸 2~3 分钟至金黄色，关火。

4
通过滤网滤出葱香油、葱蒜酥，放凉即可使用。

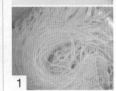

1

青葱切末；白面线放入滚水，以中火加热，不时搅拌至熟。

2

捞起白面线并沥干，再放入搅拌盆。

3

接着加入葱香油、葱蒜酥，拌匀后盛盘。

4

撒上青葱末拌匀，立即食用可以呈现最佳口感。

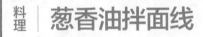

料理 | 葱香油拌面线

🍲 烹调示范	🥄 食用份量	🕐 烹调时间
黄经典	**2** 人份	**8** 分钟
♨ 火候控制	中火	

材料
青葱 10g、白面线 150g

酱汁
葱香油 30g、葱蒜酥 10g

Tips

1. 煮白面线时，必须边煮边搅拌开，以免面线黏结成团。
2. 白面线煮好沥干时，可以留少许汤汁，并且立即放入搅拌盆，与葱香油、葱蒜酥拌匀。

酱汁 | 塔塔酱

🍳 烹调示范	✏ 完成份量	🕐 烹调时间
黄经典	**500 g**	**15 分钟**
〰 火候控制	大火→小火	

保存期限	💧室温 NO	❄冷藏 3 天	❄冷冻 NO

材料

鸡蛋 50g、酸豆 20g、酸黄瓜 30g、洋葱 20g、柠檬 35g、蛋黄 20g

调味料

法式芥末酱 15g、白醋 30g、盐 5g、色拉油 300g

Tips

1. 自行制作塔塔酱更安心，若考虑方便性，则可以购买市售现成美乃滋，再接着做法5继续完成。
2. 水煮蛋一次至少煮一整颗蛋比较方便，若考虑到塔塔酱的使用量不多，则所有材料可以减半。

1

鸡蛋放入冷水，以大火煮滚后，转小火煮12 ～ 15 分钟至熟，取出后放凉，去壳后切碎。

2

酸豆、酸黄瓜分别切末；洋葱去皮后切末；用汤匙绕着柠檬皮取出柠檬汁10g，备用。

3

蛋黄、法式芥末酱、10g 白醋、盐放入搅拌盆，以打蛋器搅打至乳化变白。

4

接着边打边加入色拉油，搅打至浓稠状，再加入剩余 20g 白醋，搅打均匀至完全吸收。

5

最后加入鸡蛋碎、酸豆、酸黄瓜、洋葱和柠檬汁，充分拌匀即完成塔塔酱。

鲷鱼肉均匀沾裹一层面粉。色拉油倒入锅中，以中火加热至180℃，鲷鱼肉放入油锅，炸熟且呈金黄色，捞起后沥油。

美生菜、圣女小番茄、炸鲷鱼肉盛盘，蘸塔塔酱食用即可。

酥炸鲜鱼佐塔塔酱

料理

🍲 烹调示范	🥄 食用份量	🕐 烹调时间
黄经典	**2** 人份	**20** 分钟
🔥 火候控制	中火加热至180℃	

材料

西生菜 50g、圣女小番茄 20g、鲷鱼肉 150g、中筋面粉 30g

调味料

白酒 10g、盐 5g、白胡椒粉 5g

酱汁

塔塔酱 100g

 Tips

1. 西生菜需要冰镇，可以保持清脆口感。
2. 这道料理属于热食开胃菜，所以炸好的鲷鱼和塔塔酱不能先拌匀，必须一边吃一边蘸为佳。

1

美生菜剥成一口大小，放入冷开水冰镇；圣女小番茄切半。

2

鲷鱼肉切成长条片，加入白酒、盐、白胡椒粉，拌匀后腌约10分钟待入味。

茶油

Camellia Oil

小档案

又称为苦茶油，由油茶或山茶的种子提炼制成，为单元不饱和脂肪酸最高的油类。未精炼茶油的发烟点大约在 223℃（精炼过的苦茶油发烟点会更高）。茶油近几年受到较多关注，而且被认为可与地中海饮食中的橄榄油比较。以前茶油产品的味道比现在的重，当时逢年过节或是特殊场合才会用到苦茶油，老一辈还喜欢拿来煮麻油鸡为媳妇坐月子。茶油的使用方式和大豆油相近，但比较不适合油炸，另外茶油适合凉拌。

使用方法

可与其他食材或调味料拌匀成酱汁或酱料，或是加入食材中一起烹煮。

保存期限
（未开封）

2 年
YEARS

如何保存

未开封时放置阴凉通风处，避免阳光直射；开封后放置阴凉处，并且在变质或产生油耗味前使用完毕，同时注意勿沾到其他物质或受潮。

室温 **OK**　冷藏 **OK**

适合烹调法

炒　　煮

烩　　凉拌

外观

色泽透明金黄的液态烹调油。

特色

相关医学研究显示，苦茶油有助于减少肝脏中自由基的生成，可以避免细胞氧化，还可以保护肠胃健康。

味道

闻起来清香，带一点甘苦味。

2

新鲜迷迭香洗净，用厨房纸巾擦干水分。

3

以中小火热锅，倒入苦茶油，并放入蒜末、红葱头末，炒至香味散出。

4

趁热加入迷迭香炒5秒钟，关火后放凉即完成。

酱汁 | 香蒜苦茶油酱

🍲 烹调示范	✏ 完成份量	🕐 烹调时间
黄经典	**200** g	**6** 分钟
◊◊ 火候控制	中小火	

保存期限　🖐室温 **NO**　❄冷藏 **10天**　❊冷冻 **NO**

材料

蒜仁 30g、红葱头 30g、新鲜迷迭香 15g

调味料

苦茶油 130g

1

蒜仁、红葱头去皮后切末。

 Tips

1. 趁热加入迷迭香，热气能将迷迭香的独特香气逼出来。

2. 蒜末、红葱头末只需要炒出香气，不需要通过油炸至干酥，能减少油脂摄取量。

料理 | 意式蒜茶油菇炖饭

🍲 烹调示范	🥄 食用份量	🕐 烹调时间
黄经典	**2** 人份	**35** 分钟
🌊 火候控制	中小火→小火	

材料

白米 180g、干香菇 10g、
洋葱 20g、杏鲍菇 60g、
金针菇 60g、蔬菜高汤 360g
（第28页）、帕玛森起司粉 3g

调味料

盐 10g、黑胡椒碎 50g

酱汁

香蒜苦茶油酱 40g

1

白米洗净，泡入水中
15 分钟，沥干备用。

 Tips | 1. 炖饭烹煮完成时，先翻动数下，可以让米饭均匀受热
且口感更佳。

下页

2

干香菇泡水待软，挤
干水分后切丁。

3

洋葱去皮后切小丁；
杏鲍菇切小块；金针
菇切除根部，备用。

4

以中小火热锅，加入
香蒜苦茶油酱、干香
菇、洋葱一起炒香。

5

再加入杏鲍菇、白
米，继续炒匀。

6

倒入一半蔬菜高汤，
拌炒均匀。

7

继续炒至蔬菜高汤被
米粒和食材吸收后，
再加入剩余180g蔬菜
高汤。

8

接着均匀加入盐、黑
胡椒碎调味，盖上锅
盖，转小火焖煮至米
饭熟。

9

打开锅盖，趁热均匀
撒上帕玛森起司粉，
充分拌匀即可食用。

 Tips 2. 蔬菜高汤以分次加入为宜，并可视米粒烹煮和食材吸收状况来决定高汤
份量，以免炖饭太软烂或是米心太硬。

香油

White Sesame Oil

主要产地
中国

小档案

香油的原料为白芝麻，它又称为馨油、麻油，和黑芝麻油比较起来，油质更为清透。香油为白芝麻炒焙过后去除多余的水分，再用压榨机榨油而成的食用油，含丰富的维生素E、不饱和脂肪酸，气味清香，可以让料理滋味香滑可口、更加开胃。未精炼白芝麻香油的发烟点大约在170℃，精炼香油的发烟点在230℃。香油适合在烹调的最后阶段加入几滴提味，或是与食物、酱汁拌合，进而提升风味。

使用方法

可与其他食材或调味料拌匀成酱汁或酱料，或是加入食材中一起烹煮，亦可在烹调完成前加入几滴。

保存期限（未开封） **1**年 YEARS

如何保存

未开封时放置阴凉通风处，避免阳光直射；开封后放置阴凉处，并且在变质或产生油耗味前使用完毕，同时注意勿沾到其他物质或受潮。

室温 OK　　冷藏 OK

适合烹调法

炒	煮	蒸
烩	蘸酱	凉拌

 外 观

呈现透明棕红色，或是淡红色、红中带黄，液态。

 特 色

如果用纯香油制作凉拌菜，即使放入冰箱冷藏至隔天，菜品依然清香、不会有油耗味。

挑 选

将外包装玻璃瓶对着光源检查其中油是否清澈透光。闻起来没有油耗味为佳。

 味 道

闻起来有淡淡的清香味，可以为料理增添丰富的滋味。

酱汁 | 广式香葱酱

🍲 烹调示范	🥄 完成份量	🕐 烹调时间
👨 王陈哲	**135** g	**3** 分钟
🔥 火候控制	小火	

保存期限	💧室温 **NO**	❄冷藏 **3** 天	❄冷冻 **NO**

材 料
青葱 60g、中姜 30g

调 味 料
香油 45g、盐 4g

 Tips

1. 加入冷的香油拌匀后，可以立即放入冰箱冷藏降温，以免产生苦涩味。
2. 广式香葱酱可依照个人需求调整咸度。

2 加入盐，搅打成碎状，再倒入搅拌盆。

3 以小火热锅，倒入一半香油，加热。

1 青葱切小段，中姜去皮后切小块，全部放入果汁机。

4 趁热倒入步骤2葱姜搅拌盆，拌匀。

5 最后加入剩余冷的香油，充分拌匀即可。

料理 | 广式香葱鸡

🍲 烹调示范	🥄 食用份量	🕐 烹调时间
王陈哲	**2** 人份	**18** 分钟
〰 火候控制	大火→小火	

材料

青葱 10g、中姜 10g、
去骨鸡腿 300g

调味料

盐 5g、米酒 10g

酱汁

广式香葱酱 60g

1

青葱切小段，中姜去
皮后切片，备用。

Tips

1. 鸡腿以焖煮方式烹调，可以让肉质更为软嫩。

2. 鸡腿可以换成松板猪肉、三层肉。

下页

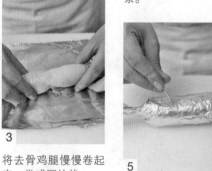

2
去骨鸡腿摊平后铺于铝箔纸中间位置。

3
将去骨鸡腿慢慢卷起来，卷成圆柱状。

4
再拉起铝箔纸一端，包卷成圆柱状，完整包覆后，将两边转紧。

5
用长竹签在铝箔纸上戳几个洞。

6
青葱、中姜、盐、米酒倒入汤锅，以大火煮滚后转小火。

7
接着放入鸡腿卷，盖上锅盖，焖煮大约15分钟至鸡腿卷熟，关火。

8
夹起去骨鸡腿卷，放置一旁待凉。

9
剥除铝箔纸，将去骨鸡腿切小块。

10
去骨鸡腿盛盘，淋上广式香葱酱即可。

Tips
3. 使用去骨鸡腿并切小块，更方便食用。
4. 在铝箔纸外层戳数个洞，可以避免鸡腿受热后膨胀，而将铝箔纸撑破。

基本调味料

黑芝麻油

Black Sesame Oil

主要产地
中国

小档案

又称为麻油、胡麻油，制作的原料为黑芝麻，制作时将比较重度炒焙的黑芝麻粒经过压榨机粉碎破膜后压榨，释放出芝麻的营养与浓郁的麻油香味。未精炼黑芝麻油的发烟点大约在 170℃，精炼黑芝麻油的发烟点大约在 230℃。黑芝麻含丰富的不饱和脂肪酸、蛋白质、钙、磷、铁等营养成分，铁含量是菠菜的 5 倍、油菜的 3 倍多，因此黑芝麻油是营养价值很高的油类，也是妇女坐月子时常使用的食材之一，但适合在产后一星期才开始食用。黑芝麻油在台式料理中常有使用，可烹调出三杯鸡、三杯鱿鱼、麻油鸡、麻油腰子等菜肴。

使用方法

在麻油鸡料理中用来炒香老姜片，或与其他食材拌匀成酱汁或酱料，或是加入食材中一起烹煮，当作调味料使用。

保存期限（未开封）　**1** 年 YEARS

如何保存

未开封时放置阴凉通风处，避免阳光直射；开封后放置阴凉处，并且在变质或产生油耗味前使用完毕，同时注意勿沾到其他物质或受潮。

室温 **OK**　　❄ 冷藏 **OK**

适合烹调法

炒　　煮　　煎

凉拌　　腌制

外观

包装大部分是玻璃瓶装，油为液态，呈现透明、深黑色泽。

挑选

黑芝麻油香气浓郁。至于油体颜色并非越黑越好，只要闻着没有油耗味就可以列入选购。

味道

闻起来有浓郁的芝麻香气。

1

水倒入汤锅，并加入所有调味料。

2

用汤匙搅拌均匀，以小火加热。

3

边煮边拌至细砂糖溶化，关火后放凉即可。

酱汁 | **三杯酱**

🍳 烹调示范	🥄 完成份量	⏰ 烹调时间
王陈哲	**330** g	**3** 分钟
〰 火候控制	小火	

保存期限	🌡室温 **NO**	❄冷藏 **14** 天	❄冷冻 **6** 个月

材料

水 200g

调味料

黑芝麻油 30g、酱油 60g、米酒 30g、细砂糖 10g

Tips
1. 酱油可以选择古早味酱油，或是淡色酱油。
2. 三杯酱可依照个人喜好，调整酱油与细砂糖的分量。

料理 | 三杯鸡

🍲 烹调示范	🥄 食用份量	🕐 烹调时间
 王陈哲	**2** 人份	**20** 分钟
〰️ 火候控制	中火→小火→中火	

材料

去骨鸡腿 300g、老姜 10g、
辣椒 10g、蒜仁 10g、
九层塔 5g

调味料

黑芝麻油 10g

酱汁

三杯酱 100g

1

去骨鸡腿切小块。

 1. 黑芝麻油煸香老姜片，务必使用小火，以免温度太高，
导致老姜产生苦味。

下页

干煎约 3 分钟至鸡腿
皮呈金黄色，将鸡腿
肉翻面，续煎 2 分钟
至两面金黄，盛起。

接着加入蒜仁、辣椒
片，继续炒香。

转中火，拌炒至食物
熟软且入味。

2

老姜切片；辣椒切斜
片；九层塔取嫩叶，
备用。

3

以中火热锅，鸡腿皮
朝下放入锅中。

5

黑芝麻油倒入锅中，
放入老姜片，以小火
煸香至老姜片的边缘
稍微往内卷起。

7

再放入煎好的去骨鸡
腿肉，倒入三杯酱。

9

最后加入九层塔叶，
快速拌炒均匀，盛盘
即可食用。

 Tips 2. 鸡腿皮朝下煎制，可以利用天然的鸡油烹调这道料理，增加香气。
3. 去骨鸡腿可以换成松板猪肉、杏鲍菇、猪血糕，也非常适配。

花椒油

Zanthoxylum Oil/Spicy Oil

主要产地
中国

小档案

花椒油又称为油辣、红油，为四川特色酱料之一，主要成分为川花椒、食用油等。通过压榨或萃取的方式从川花椒中取出的油脂称为花椒油，再经过精炼程序制成食用花椒油。许多脍炙人口的川菜都少不了花椒油，例如红油抄手、回锅肉、口水鸡、麻婆豆腐、鱼香肉丝，这些辛麻菜肴都伴随着花椒油的香气，开胃又美味。有些人会以为花椒油就是大家常说的辣油，但一般常见的辣油其实是单纯的辣椒提炼油；而四川风味的花椒油为复合味，配方除了新鲜辛香料之外，还会加入部分的香料，增加菜肴的香气层次。

使用方法

与其他食材拌匀成酱汁或酱料，或是加入食材中一起烹煮，亦可在烹调完成前加入几滴，增加料理香气。

保存期限（未开封）

1 年
YEARS

如何保存

未开封时放置阴凉通风处，避免阳光直射；开封后放置阴凉处，并且在变质或产生油耗味前使用完毕，同时注意勿沾到其他物质或受潮。

室温 **OK**	冷藏 **OK**

适合烹调法

炒	煮	煎	炝
焖	烩	蘸酱	凉拌

外 观

色泽橘红或是偏黄的透明液态油。由于又麻又辣，所以使用量须注意按个人喜好增减。

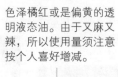

特 色

花椒油原产于四川，气味麻而香辣，可以让料理同时增加香、辣、麻的浓郁香气。

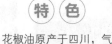

味 道

有又麻又辣的花椒和辣椒香气，适合川菜料理调味或当蘸酱。

1

水、所有调味料倒入
搅拌盆。

2

用打蛋器依同一个方
向搅拌。

3

搅拌均匀即完成。

酱汁 | 口水鸡酱

🍲 烹调示范	🥄 完成份量	🕐 烹调时间
王陈哲	**340** g	无
〰 火候控制	无	

保存期限　🜄室温 **NO**　❄冷藏 **14** 天　❅冷冻 **NO**

材料　　　调味料
水 25g　　酱油膏 75g、淡色酱油 75g、细砂糖 45g、
　　　　　白醋 50g、芝麻酱 20g、花椒油 50g

Tips　1. 芝麻酱质地浓稠，所以必须充分拌匀，以避免产生结块。
　　　　2. 口水鸡酱可依照个人需求，调整咸度与辣度。

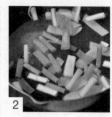

2

青葱、中姜、盐、米酒倒入汤锅,以大火煮滚后转小火。

3

放入去骨鸡腿,盖上锅盖,焖煮约15分钟至鸡腿熟,取出后放凉。

料理 | 川味口水鸡

🍲 烹调示范	✒ 食用份量	🕐 烹调时间
王陈哲	**2** 人份	**15** 分钟
〰 火候控制	**大火→小火**	

材料

青葱 10g、中姜 10g、蒜味花生 5g、
去骨鸡腿 300g

调味料

盐 5g、米酒 10g

酱汁

口水鸡酱 100g

 Tips

1. 可以选择松板猪肉、馄饨、凉皮替换鸡腿。
2. 选择去骨的鸡腿,更方便食用。
3. 鸡腿以焖煮方式烹调,让肉质更为软嫩。

1

青葱切小段,中姜去皮后切片,蒜味花生压碎,备用。

4

鸡腿切小块,盛盘,淋上口水鸡酱,并撒上蒜味花生碎即可。

2

用汤匙绕着柠檬皮取出柠檬汁10g。

3

柠檬汁、所有调味料倒入搅拌盆。

酱汁 | 椒麻鸡酱

🍳 烹调示范		🥄 完成份量	🕐 烹调时间
👤	黄经典	**100** g	无
〰️ 火候控制		无	

保存期限 🔥室温 NO ❄冷藏 **2** 天 ❄冷冻 NO

材料

蒜仁 5g、辣椒 5g、香菜 5g、柠檬 35g

调味料

细砂糖 10g、鱼露 35g、花椒油 10g

 Tips 椒麻鸡酱含新鲜蔬菜和辛香料，所以请尽快使用完，以维持最佳风味。

1

蒜仁、辣椒、香菜切末，备用。

4

加入蒜末、辣椒末、香菜末，搅拌均匀即完成。

3

去骨鸡腿沾裹一层面粉备用。

4

准备一锅色拉油，以中火加热至180℃，鸡腿放入油锅，炸至金黄，捞起后沥油。

料理 | 椒麻鸡

🍲 烹调示范	🥄 食用份量	🕐 烹调时间
黄经典	**2** 人份	**25** 分钟
🍳 火候控制	中火加热至180℃	

材料

去骨鸡腿 300g、高丽菜 50g、洋葱 20g、中筋面粉 20g

调味料

米酒 10g、盐 5g、白胡椒粉 5g

酱汁

椒麻鸡酱 60g

1

去骨鸡腿放入搅拌盆，加入所有调味料，抓拌均匀，腌制15分钟待入味。

2

高丽菜切丝；洋葱去皮后切丝，以冷开水冰镇后沥干备用。

5

高丽菜丝、洋葱丝铺盘底，鸡腿切小块后排入盘中，淋上椒麻鸡酱即可。

Tips

1. 高丽菜丝、洋葱丝必须沥干水分再铺入盘，以维持新鲜和脆度。

2. 鸡腿炸好后需要回温约两分钟再切，能保持肉质软嫩与多汁，以免肉汁流失。

辣椒油

Chili Oil

外观

液体色泽特别橘红，而且有明亮感。

特色

烹调时加一点点或用于凉拌，可以为料理增添香气和红润色泽。

味道

具有辣味和辛香味，适合直接烹调或是当蘸酱使用。辣椒是大辛大热的辛香料，有肝火旺、高血压疾病、胃溃疡以及痔疮的人群应该谨慎食用。

小档案

主要成分为朝天椒、植物油和辛香料（桂皮、八角、香叶、盐、糖、醋、姜末、蒜末等），这些材料经由焖煮出油、过滤杂质后，所得到的油状物即为辣油。因为川菜的盛行，使得辣椒油也普遍受到喜爱与使用，它可用于烤肉、面食、火锅、凉拌菜等，也是广受大家欢迎的水煮牛肉与红油肚片不可缺少的调味料。适量食用辣椒，可以开胃、促进新陈代谢、改善怕冷体质等，因为辣椒富含维生素C、抗氧化物质，适量食用还可以增强抵抗力，以及有美肤作用。

使用方法

与其他食材或调味料拌匀成酱汁或酱料，或是加入食材中一起烹调，亦可在烹调完成前加入几滴，增加料理香气。

保存期限（未开封）　**1** 年　YEARS

如何保存

未开封时放置阴凉通风处，避免阳光直射；开封后放置阴凉处，并且在变质或产生油耗味前使用完毕，同时注意勿沾到其他物质或受潮。

室温 OK	冷藏 OK

适合烹调法

炒	炸	煎	蒸
烩	蘸酱	凉拌	腌制

1 干辣椒、花椒粒、辣椒油、豆瓣酱倒入汤锅。

2 以小火慢慢炒至均匀，并且释出香气。

3 再加入酱油，边拌边煮至滚且变浓稠，关火后放凉即完成。

酱汁 | 水煮酱汁

🍲 烹调示范		🥄 完成份量	🕐 烹调时间
	王陈哲	**140** g	**5** 分钟
🔥 火候控制		小火	

保存期限	🌡室温 NO	❄冷藏 5 天	❄冷冻 6 个月

材料
干辣椒 10g

调味料
花椒粒 10g、辣椒油 10g、豆瓣酱 100g、酱油 10g

Tips
1. 炒花椒粒不宜大火，以免炒焦而影响风味。
2. 可依个人需求调整辣度，增减干辣椒、花椒粒的分量。

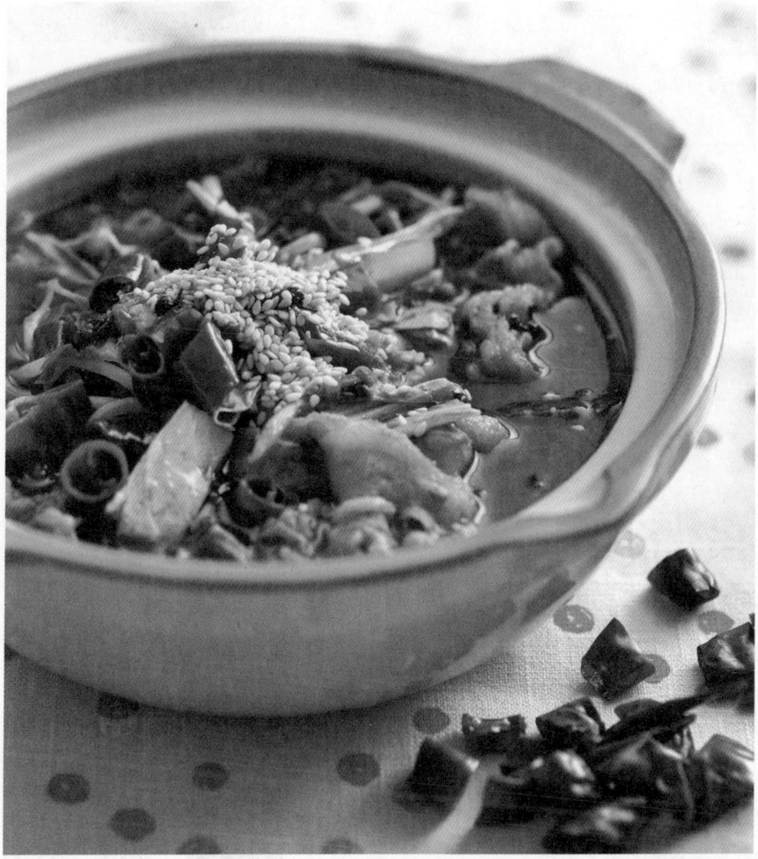

料理 水煮牛肉

烹调示范	食用份量	烹调时间
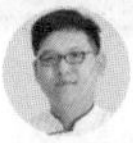 王陈哲	2 人份	10 分钟
火候控制	中火	

材料

豆芽菜 50g、小白菜 30g、水 300g、火锅牛肉片 200g、熟白芝麻 2g

调味料

细砂糖 20g

酱汁

水煮酱汁 50g

Tips

1. 烹煮过程，稍微搅拌，能避免底部煮焦而影响风味。
2. 牛肉片以薄片为佳，也可以换成白色鱼肉、猪肉片。

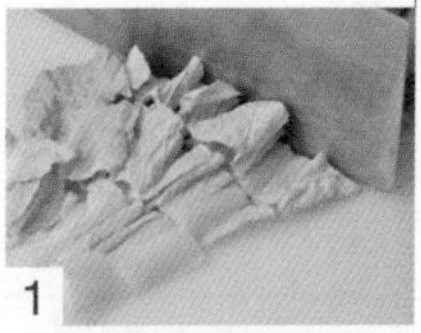

1

豆芽菜摘除头尾，小白菜切小段，备用。

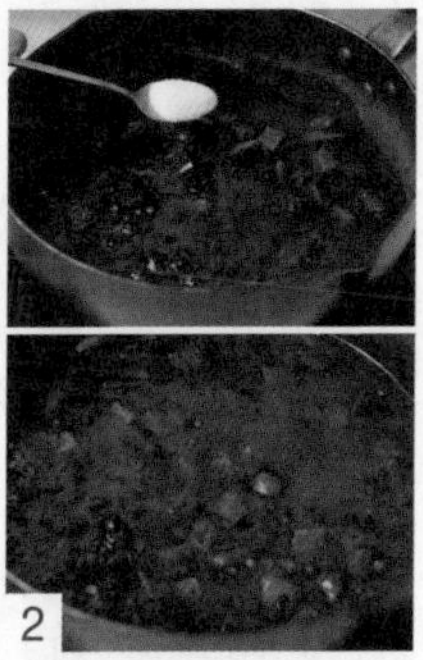

2

水煮酱汁、水、细砂糖加入汤锅，搅拌均匀，以中火煮滚。

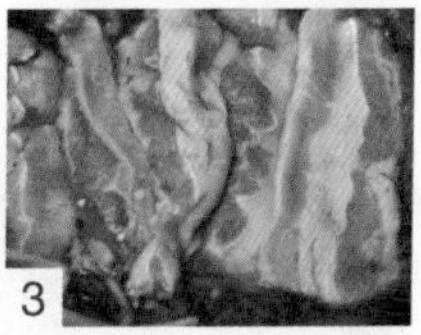

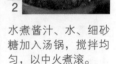

3

加入豆芽菜，均匀铺上火锅牛肉片，继续煮至牛肉片熟。

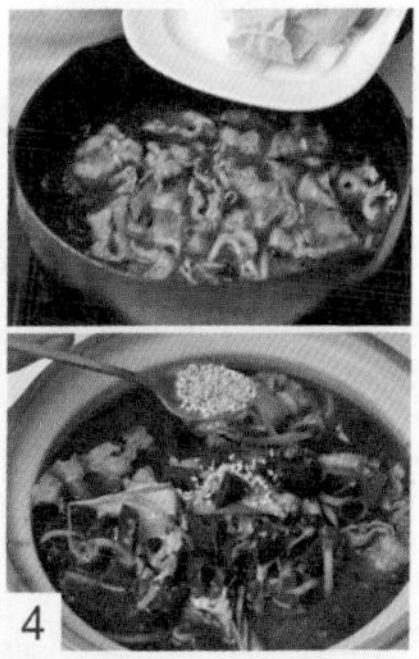

4

接着放入小白菜煮熟，关火，盛入砂锅保温，并撒上熟白芝麻即可。

橄榄油

Olive Oil

主要产地
欧洲国家

小档案

由橄榄果实压榨所制成的油品，含丰富橄榄多酚以及维生素 E，也有比较高的单元不饱和脂肪酸（Omega-9），酸价较低（含较少游离脂肪酸）。橄榄油大部分以冷压技术制作而成，常见的三个等级为：第一级冷压初榨橄榄油或精制淡味橄榄油，耐热温度大约为 170℃，适合用于凉拌菜或直接饮用，或是采中低温烹调；第二级为 100% 纯橄榄油或第二道橄榄油，耐热温度大约为 190℃，适合直接用来凉拌，或采中高温烹调；第三级为橄榄果渣油或第二道热压橄榄油，耐热温度大约为 220℃，适合采中高温以上烹调。国际上还有其他分法可以参考。

使用方法

当作烹调油或是凉拌油，亦可和其他食材或调味料拌匀成酱汁或酱料，或是加入食材中一起烹煮，亦可在烹调完成前加入几滴提香。

保存期限（未开封） **18~24** 个月 MONTHS

如何保存

放置阴凉通风处，避免阳光直射；开封后放置阴凉处，并且在变质或产生油耗味前使用完毕，并注意勿沾到其他物质。

室温 **OK**　　冷藏 **OK**

适合烹调法

炒	烤	煎
蘸酱	凉拌	腌制

外 观

液体颜色为透明的橄榄绿。

特 色

为地中海地区普遍使用的油类。因产地和种植方式的不同，可能带有果香味、青草香气、微辣味或苦味，可以挑选个人喜欢的味道购买。

分 类

橄榄油依制程分三级，第一级是冷压初榨橄榄油（Extra Virgin Olive Oil），耐热温度大约为 170℃；第二级为 100% 纯橄榄油（100% Pure Olive Oil），耐热温度大约为 190℃；第三级为橄榄果渣油（Pomace Olive Oil），耐热温度大约为 220℃。

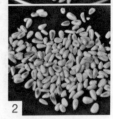

2

松子放入炒锅，以小
火炒至香且稍微焦
黄，取出后放凉。

3

九层塔、蒜仁、松子、
所有调味料全部放入
果汁机。

酱汁 | 青酱

烹调示范	完成份量	烹调时间
黄经典	**90** g	**3** 分钟
〰 火候控制	小火	

保存期限　💧室温 **NO**　❄冷藏 **3** 天　❄冷冻 **NO**

材料

九层塔 3g、蒜仁 10g、松子 20g

调味料

冷压初榨橄榄油 60g、盐 3g

1

九层塔洗净后擦干水
分，摘取叶子备用。

Tips
1. 九层塔可以换成罗勒。九层塔叶需要擦干
　水分，以免影响酱汁风味与降低保存期限。
2. 青酱可以用来烹调意大利面、炖饭，或直
　接当沙拉淋酱、面包蘸酱。

4

盖上盖子，按下开
关，搅打均匀即可。

115

以小火热锅，倒入
10g 冷压初榨橄榄
油、洋葱丁，炒香，
再加入蛤蜊、白酒，
盖上锅盖，焖煮至蛤
蜊壳稍微打开。

料理	青酱蛤蜊 意大利面

🍲 烹调示范	🥄 食用份量	🕐 烹调时间
黄经典	**2** 人份	**20** 分钟
🔥 火候控制	大火→小火→中火	

材料

蛤蜊 100g、洋葱 30g、意大利直面 200g、
鸡骨高汤 100g（第 25 页）

调味料

冷压初榨橄榄油 20g、白酒 15g、盐 4g

酱汁

青酱 60g

接着倒入青酱、3g 盐
与鸡骨高汤，转中火
拌匀并煮滚。

 Tips

1. 煮意大利面的水量为意大利面的 5～6 倍。
2. 烹煮意大利面必须水滚，再加少许盐，放
   入意大利面后，要保持搅拌约 2 分钟，面
   条才不会粘在一起。

1

取一锅 1000g 水，加
入 10g 盐（配方外），
拌匀即为盐水，蛤蜊放
入盐水待吐沙。洋葱去
皮后切小丁，备用。

2

取一个深汤锅，加入
1000g 水，以大火煮
滚，加入 1g 盐、意
大利直面，煮约 6 分
钟，捞起后沥干，再
拌入 10g 冷压初榨橄
榄油备用。

5

最后放入意大利直
面，拌炒均匀即可。

葡萄籽油

Grape Seed Oil

主要产地
欧洲国家

外观

液体颜色呈现淡黄色或淡绿色。

味道

油脂细致滑顺，具有清新香气，适合凉拌、烹煮、红烧等做法。

特色

葡萄籽油除了对身体有益之外，还可以用于美容，可以锁住肌肤的水分，进而达到滋润皮肤的效果。

小档案

以葡萄籽提炼所制成的油品，含丰富多元不饱和脂肪酸，其中亚油酸（Omega-3、Omega-6 EPA 与 DHA）、原花色素（花青素）含量相对丰富，对人体健康有相当大的助益。其发烟点为 200℃以上，使用方式和色拉油（大豆油）相似，除了用于加热烹调之外，亦可直接凉拌食物。葡萄籽油几乎都是进口商品，价格也比一般油高，其价格高低会受原料产量、进出口关税等因素影响。

使用方法

当作烹调油，亦可和其他食材或调味料拌匀成酱汁或酱料，或是加入食材中一起烹煮。

保存期限（未开封）**2** 年 YEARS

如何保存

未开封时放置阴凉通风处，避免阳光直射；开封后放置阴凉处，并且在变质或产生油耗味前使用完毕，同时注意勿沾到其他物质或受潮。

 室温 **OK**

 冷藏 **OK**

适合烹调法

 炒　烤　煮　煎

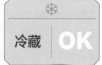 蒸　　烧　　凉拌

117

2

罗勒、辣椒切末，备用。

酱汁 | 辣葡萄籽油醋

🍲 烹调示范	🥄 完成份量	🕐 烹调时间
黄经典	**90** g	无
〰 火候控制	无	

保存期限　💧室温 **NO**　❄冷藏 **3** 天　❄冷冻 **NO**

材料

洋葱 5g、蒜仁 5g、罗勒 3g、辣椒 3g

调味料

葡萄籽油 20g、白酒醋 50g、盐 5g

 Tips

1. 酱汁拌匀就立即使用，勿存放太久，以维持良好风味。
2. 白酒醋亦能以新鲜柠檬汁取代，可以增加果香气味。

1

洋葱去皮后切末，蒜仁切末，备用。

3

所有材料倒入搅拌盆，并放入葡萄籽油、白酒醋、盐，用汤匙搅拌均匀即可。

料理 | 辣味油醋海鲜沙拉

🍲 烹调示范	🥄 食用份量	🕐 烹调时间
黄经典	**2** 人份	**5~6** 分钟
◊◊ 火候控制	大火→中火	

材料

西生菜 100g、圣女小番茄 60g、白虾 60g、透抽 60g

调味料

白酒 10g、干燥月桂叶 1g

酱汁

辣葡萄籽油醋 50g

1

西生菜剥一口大小，放入冰水冰镇后，捞起后沥干。

 Tips

1. 白虾需要剪须和挑除肠泥，才不会影响口感。

2. 海鲜可以换成九孔、花枝、小章鱼等。

下页

2

小番茄去蒂头后洗净，切半备用。

4

透抽去除墨囊后洗净，切宽1cm圈状。

7

再泡入一碗冰块水冰镇，让肉质更有弹性，沥干水分备用。

3

白虾剪掉须，挑除肠泥，洗净后去壳。

5

锅中加入水、白酒、干燥月桂叶，以大火煮滚。

6

把白虾、透抽放入滚水，转中火汆烫5～6分钟至熟后，捞起沥干。

8

将西生菜、圣女小番茄、白虾、透抽盛盘，淋上辣葡萄籽油醋，搅拌均匀即可食用。

Tips ——— 3. 这道海鲜沙拉属于冷沙拉开胃菜，所有食材要保持冰凉、新鲜，以维持良好风味与口感。

料理 | 烤蔬菜佐辣葡萄籽油醋

🍳 烹调示范	🥄 食用份量
黄经典	**2** 人份

材料

茄子 50g、新鲜香菇 30g、绿栉瓜 50g、洋葱 50g、红甜椒 30g、玉米笋 30g

调味料

盐 3g、黑胡椒碎 1g、意大利综合香料 1g、葡萄籽油 10g

酱汁

辣葡萄籽油醋 60g

做法

1 所有蔬菜切小块，放入搅拌盆。

2 加入盐、黑胡椒碎、意大利综合香料、葡萄籽油，充分拌匀后排入烤盘。

3 再放入以180℃预热好的烤箱，烘烤大约7分钟，取出后盛盘，淋上辣葡萄籽油醋即可。

白胡椒

White Pepper

主要产地

马来西亚、印度等热带国家

小档案

白胡椒粉是将胡椒树的果实（种子）浸泡在水中大约一星期后，再去除果皮，并且经过烘焙、压碎、研磨而成。白胡椒粉普遍受到国人的喜爱与使用，在世界各地也是餐桌上常见的调味料，适合运用在炸物、烤物、羹汤、乌冬面、火锅、凉拌菜、腌料等食物上。白胡椒最好于烹调完成后再加入，因为过度加热会让白胡椒产生苦味。当酱汁或食材颜色为白色或偏淡色时（例如白酱、竹笋料理），常会使用白胡椒调味，如此才不会破坏视觉上的色调。

使用方法

于烹调完成后加入菜肴中调味，或与其他调味料拌匀成酱汁或酱料。

外观

有颗粒和粉末两种产品，颜色为白色。

特色

胡椒小球通常经过干燥加工，可避免腐烂。

味道

清香中带点辛辣味，使用时将颗粒磨碎，或以粉状加于料理中调味赋香。

保存期限（未开封） **2** 年 YEARS

如何保存

未开封时放置阴凉通风处，避免阳光直射；开封后放置阴凉处，并尽快使用完。

室温 **OK**　冷藏 **NO**

适合烹调法

炒	烤	熘	卤
烧	蘸酱	凉拌	腌制

1

白胡椒粉、盐放入搅拌盆。

2

用汤匙搅拌均匀。

3

再倒入平底锅，以小火干炒至香味四溢，关火后放凉即完成。

酱汁 | 椒盐粉

🍲 烹调示范	🥄 完成份量	🕐 烹调时间
王陈哲	**80** g	**3** 分钟
🌡 火候控制	小火	

保存期限	💧室温 **1** 个月	❄冷藏 **3** 个月	❄冷冻 **6** 个月

调味料

白胡椒粉 60g、盐 20g

Tips

1. 成品放置于阴凉通风处，能避免受潮。
2. 成品用于调味时注意依照实际需求，以调整咸度。

2

取一个大的搅拌盆，依序加入面粉、马铃薯粉、水、油、鸡蛋，用打蛋器充分搅拌均匀即为面糊备用。

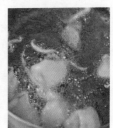

3

杏鲍菇裹上一层面糊，放入以中火加热至180℃的油锅，炸至食物熟软，捞起后沥油。

4

向杏鲍菇加入青葱、辣椒、椒盐粉，拌匀即可食用。

料理 | 椒盐杏鲍菇

烹调示范	食用份量	烹调时间
王陈哲	**2** 人份	**4** 分钟
火候控制	中火加热至180℃	

材料

杏鲍菇300g、青葱10g、辣椒10g、中筋面粉180g、马铃薯粉60g、水70g、鸡蛋50g

调味料

色拉油60g

酱汁

椒盐粉15g

1

杏鲍菇切滚刀块；青葱、辣椒分别切小丁，备用。

Tips

1. 油温勿太高，以免食物炸焦。
2. 杏鲍菇可替换成四季豆、鸡蛋豆腐。

123

黑胡椒

Black Pepper

小档案

新鲜、未成熟的胡椒浆果本身呈现绿色，果实会依照不同的熟度、加工方式，外表变为黑色、白色、绿色、红色，各有特殊气味，其中以黑胡椒产量最多。黑胡椒又称为黑川、黑椒，植株是开花藤本植物，盛产于热带地区，从上面摘下未成熟的绿色果实，经过热水清洗和干燥程序，并在酵素的作用下逐渐变成黑色，成为烹调常见的黑胡椒粒，接着磨成粉即是黑胡椒粉。因为生胡椒果肉本身富含胡椒碱，所以黑胡椒味道呛辣，香气强烈且浓郁，适合撒一些在肉类、海鲜上，具有去腥作用，或是在烹调时加入料理中提味。

使 用 方 法

可与其他食材或调味料拌匀成酱汁或酱料，或是加入食材中烹煮，当作调味料。

保存期限
（未开封）

2 年
YEARS

如 何 保 存

未开封时放置阴凉通风处，避免阳光直射；开封后放置阴凉处，并尽快使用完。

室温 OK	冷藏 NO

适 合 烹 调 法

炒	烤	熘	卤
烧	蘸酱	凉拌	腌制

外 观

有颗粒状和粉末状。颗粒状黑胡椒外表为黑色，内部为白色。

特 色

黑胡椒具有辛香气味，可作为菜肴调味料，以西式料理使用居多，部分亚洲料理亦有使用。

味 道

清香中带点辛辣味，比白胡椒辣一些。可以整颗用于炖煮或熬制高汤，也可以磨碎或研磨成粉状后加入料理中调味赋香。

整粒番茄放入果汁机，搅打成泥备用。

以中火热锅，倒入冷压初榨橄榄油，转小火炒香月桂叶、洋葱末、蒜末、辣椒末，再加入番茄泥、奥立冈，烹煮约15分钟。

酱汁 | 香辣番茄酱

🍲 烹调示范	🥄 完成份量	🕐 烹调时间
黄经典	**220** g	**15** 分钟
◊◊ 火候控制	中火→小火	

保存期限	🌡室温 **NO**	❄冷藏 **7** 天	❄冷冻 **6** 个月

材料

洋葱 30g、蒜仁 20g、辣椒 20g、
整粒番茄罐头 150g

调味料

干燥月桂叶 2g、干燥奥立冈 1g、
冷压初榨橄榄油 10g、黑胡椒碎 3g、盐 5g

> **Tips**
> 1. 烹煮过程必须不停搅拌，可以避免炒焦。
> 2. 放凉后密封，再冷藏或冷冻储存，以延长保存期限与保持风味。

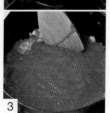

洋葱去皮后切末，蒜仁切末，辣椒切碎末，备用。

最后以黑胡椒碎、盐调味即完成。

125

料理 | 香辣番茄鲜虾笔尖面

🍲 烹调示范	🥄 食用份量	🕐 烹调时间
黄经典	**2** 人份	**20** 分钟
🔥 火候控制	大火→小火	

材料

洋葱 30g、蒜仁 20g、
罗勒 15g、水 1000g、
意大利笔尖面 120g、
白虾 300g

调味料

盐 10g、白酒 20g、
冷压初榨橄榄油 20g

酱汁

香辣番茄酱 150g

1

洋葱去皮后切末，蒜仁切片，罗勒切丝，备用。

Tips 1. 煮面时水滚再下，刚煮时搅拌开，以防面条粘在一起。

下页

6

以小火热锅，倒入
10g 冷压初榨橄榄
油、洋葱丁，再加入
白虾，炒香。

8

加入香辣番茄酱，拌
炒均匀。

2

白虾剪掉须后开背，
洗净后挑除肠泥，去
壳后洗净。

4

并加入笔尖面，煮至
七分熟（约 9 ~ 10
分钟），捞起后沥干。

7

接着倒入白酒。

9

最后以盐调味后，加
入罗勒丝、笔尖面烹
煮并炒匀入味，盛盘
即完成。

3

取一个深汤锅，加入
1000g 水，以大火煮
滚，加入 1g 盐。

5

再拌入 10g 冷压初榨
橄榄油备用。

Tips

2. 煮意大利面的水量为意大利面的 5 ~ 6 倍。

3. 烹煮意大利面必须水滚，再加少许盐，放
   入意大利面后，要保持搅拌开约 2 分钟，
   面条才不会粘在一起。

酱汁 黑胡椒酱

🍲 烹调示范	🥄 完成份量	⏱ 烹调时间
黄经典	**200** g	**12** 分钟
〰 火候控制	小火	

保存期限	🌡室温 **NO**	❄冷藏 **7** 天	❄冷冻 **6** 个月

材料

蒜仁 15g、洋葱 20g、水 105g、
马铃薯粉 10g

调味料

无盐黄油 20g、干燥月桂叶 2g、番茄糊 20g、
黑胡椒碎 3g、酱油 15g、蚝油 30g、
A1 酱 15g、黄砂糖 10g

Tips
黑胡椒酱浓稠度可依照实际需求做调整，例如：搭配猪、牛、鸡排餐，可以稍微浓稠，制作铁板面可稍微稀。

1 蒜仁切末，洋葱去皮后切末，备用。

2 以小火热锅，放入无盐黄油，加热至熔化，再放入洋葱末、月桂叶、蒜末炒香，加入番茄糊炒匀。

3 接着加入黑胡椒碎、酱油、蚝油、A1 酱，拌煮均匀。

4 加入 100g 水、黄砂糖，拌煮均匀，再倒入马铃薯粉水（马铃薯粉中加入 5g 水，拌匀）勾芡，适当调整浓稠度，煮匀即完成。

2

以小火热锅，倒入10g 冷压初榨橄榄油、猪里脊肉，以中火煎至两面上色（3～5分钟）。

3

再放入以220℃预热好的烤箱烤 3～5分钟至熟。

4

猪排盛盘，淋上热黑胡椒酱，加上冰镇后的洋葱丝，搭配梅汁蜜番茄即可。

料理｜黑胡椒猪排

烹调示范	食用份量	烹调时间
黄经典	**2** 人份	**6~8** 分钟
火候控制	小火→烤箱220℃	

材料

猪里脊肉 250g、蒜仁 10g、洋葱 20g、梅汁蜜番茄 20g（第 218 页）

调味料

盐 5g、黑胡椒碎 5g、冷压初榨橄榄油 20g

酱汁

黑胡椒酱 100g

Tips 猪排可直接煎熟，或视情况再烤熟。

1

蒜仁稍微拍碎；洋葱切丝，取 1/2 份量洋葱丝冰镇后沥干。猪里脊肉切成厚度 1cm 片状，以蒜碎、洋葱丝（未冰镇部分）、盐、黑胡椒碎、10g 冷压初榨橄榄油，拌匀后腌入味备用。

129

发 酵
调 味 料

指经过发酵制程所生产出来的调味料，常见有
各种酱油、醋、酒，还包含甜面酱、豆瓣酱、
豆腐乳、味噌、酒酿、红糟、鱼露、虾酱等，
皆能赋予食物特殊风味。

发酵调味料的种类和保存

经过发酵制程所生产出来的调味料，即可称为发酵调味料。赋予食物特殊风味、口感与香气的发酵调味料，运用广泛，适合各种烹调方式与料理上的调味。

Point A

酱油

又称为豆油、豉油，依酿造方式分成酿造酱油、化学酱油。纯酿造酱油（又称为浓厚酱油）以植物性蛋白（大豆、黑豆、黄豆、小麦等）为原料，加入水、食盐，经过制曲与发酵，再经过过滤、澄清、杀菌等程序后，即成酱香浓郁的酱油。

目前市面上有化学酱油，系利用盐酸让植物性蛋白发生水解，再以碱性物质中和后，调制而成的，制程仅需要 5 ~ 7 天，产量大、成本与售价相对低廉，但是味道比较咸，也缺乏发酵豆香味。

天然纯酿造酱油的制作时间比化学酱油长，大约需要 120 ~ 180 天，因此销售价格也相对比较高。天然纯酿造酱油会因为制作原料与配料的不同，而在风味上有所差异。

① 纯酿造酱油

以天然古法酿造的酱油，液态，颜色为红褐色偏黑，具有浓郁豆香与微甘风味。钠含量比较低，果糖酸含量在 1% 以下，不含不利于人体的单氯丙二醇。适合运用于面食、火锅、羹汤、凉拌菜、腌料、拌馅中。

② 黑豆酱油

又称为荫油，系以黑豆为原料制成酱油曲，再酿造出酱油，呈现水状液态，颜色为红褐色偏黑，具有黑豆特色的香醇与微甘风味。钠含量比较低，使用方式和纯酿造酱油相同，适合用于各种食物的卤制、汤煮、羹汤调味、拌馅，或调制酱汁。

③ 古早味酱油

费时酿制而成的古早味酱油，亦是纯酿造酱油的一种，充满天然豆香味，比一般酱油更能凸显菜肴的风味，提升食材本身的香甜甘醇好滋味，例如：古早味酱油与蔬菜搭配则能够凸显蔬菜的鲜甜味；和肉类搭配，则能增进肉类的香气与柔软口感；炖煮时，可以带出食物的鲜甜风味；煎炒时，能让食物散发焦香味道、产生酥脆口感。

④ 壶底油

也是纯酿造酱油的一种，通常需要在基本的 3 ～ 4 个月发酵后，再延续一年以上的发酵时间，最后采取缸底部的酱油而成。壶底油是色泽暗红的微稠液体，具有更浓郁的风味以及甘甜味，适用于着色比较深的料理。

⑤ 淡色酱油

如果想要凸显食材本身风味，并且不被太多调味料所影响时，就适合用淡色酱油烹调，淡色酱油又称为生抽。酱油是中式料理不可缺少的调味料之一，主要原料为大豆、水、盐，经由低温发酵酿造而成，淡色酱油比一般酱油色淡且咸度偏低，依然保有酱香味道。

⑥ 白酱油

白酱油的用途和淡色酱油相似，加入菜肴中也不会改变食材的颜色，但比淡色酱油颜色更浅，盐分含量与淡色酱油相近，适合运用于面食、海鲜料理、茶碗蒸、玉子烧、凉拌菜中。

⑦ 老抽

生抽完成发酵后，再延续 2 ～ 3 个月的发酵期，并且添加焦糖色而成，呈现为深黑色浓稠液体，并具有鲜甜味，适合用于腌、卤、烧等烹调方式，用于着色比较深的料理。

⑧ 酱油膏

制程和酱油相同，仅另外增加淀粉或糯米等增稠剂，让产品带有黏稠感。酱油膏除了适合用来红烧、卤制之外，更适合作为蘸酱。青菜烫熟后，可以淋上一些酱油膏拌一拌吃，很美味。酱油膏本身为黏稠状质地，所以适合用于勾芡类料理，替换本来使用的马铃薯粉水，可以降低食物热量，吃起来更健康。

⑨ **蚝油**

蚝油有助于菜肴提鲜、入味、增色、亮泽、勾芡。它是以牡蛎提炼的汁液为基底熬煮至有些黏稠度后，再经由过滤、浓缩、调味（盐、糖、酱油等）而制成的调味料，浓稠度与酱油膏接近。因为材料中用到海鲜，所以市售价格也比较高。常被使用在海鲜料理中。蚝油因为有加入海鲜，所以属于荤食，吃素者不宜食用，但可购买以香菇制成的素蚝油。

〔 **酱油、蚝油** 的选购＆保存 〕

选购方式	保存方式
· 选购时注意保存期限，应未被超过或接近。 · 外包装应完整、无破损。包装方式有塑料罐装、玻璃罐装。 · 酱油、油清类：内容物的颜色应均匀，无杂质或其他杂色，摇动时色泽依然均匀，无变质现象。 · 酱油膏：内容物的颜色应均匀，无杂质或其他杂色，摇动时色泽依然均匀，并呈现稠状，无变质现象。	· 未开封：保存期限大部分为 18 个月至两年，放置阴凉通风处保存即可。 · 开封后：打开使用后，保存期限会缩短，收纳时须加盖密封好，可以放在阴凉通风处保存，放冰箱冷藏更佳，并避免混入其他物质或受潮。建议尽快在变质或发霉前使用完毕。 · 开封后若盒盖不见了，可以用保鲜膜密封，一样放置于阴凉通风处，或是冷藏保存。

若盖子不见，可以用保鲜膜将罐口包裹完整。

使用后的酱油瓶，酱油很容易沾附于瓶口或瓶身，可以用厚纸巾擦拭干净，以避免因为接触到空气而变质的酱油垢，影响整罐酱油风味。

Point
B

醋

食用醋依制造方式区分为酿造醋、合成醋。酿造醋是以谷物和水为主要原料，经过半年以上发酵产生醋酸而得到；陈年醋酿造时间更久，必须经过一年半至两年以上，因此天然酿造醋的保存期限也很久，如同部分耐存放的酿造酒，可达 3 ~ 5 年；合成醋是未经过发酵酿造制程，以食用级醋酸加上调味料、色素与辛香料等调和制造而成，有酸度但少了天然甘醇，无天然谷物酿造的清香。

① 白醋

属于谷物醋，又称为米醋，主要是用糯米酿造而成，部分产品会加入糖、盐、麦芽抽出物等调味。由于白醋的透明浅色特性，所以在烹调料理时，常被运用在制作开胃凉拌菜上，例如凉拌小黄瓜、凉拌海带芽、凉拌海鲜，可以避免影响料理的颜色，并能增加食物风味。白醋也是清洁的小帮手，清洗砧板、木制品或去除水垢时，喷一点点白醋再清洗，可以让这些器具焕然一新。

② 乌醋

又称为黑醋，系以白醋为主要基底原料，再加入糖、盐、辛香料、蔬果酱汁等发酵酿造而成，所以颜色深，咸度也相对高。乌醋适合用于羹汤提味，或是凉拌、炒类菜肴，例如鱿鱼羹、肉羹、台式炒面、炒蛤蜊。因为本身含盐，所以调味时，必须斟酌用量，以免太咸。加入乌醋的最佳时机是起锅前，避免煮太久而导致酸味降低，进而影响料理风味。

③ 糯米醋

属于谷物醋，纯天然酿造的糯米醋具有谷物香气，风味独特，系以水、糯米为主要原料，经过半年以上的发酵而成，酿造过程中会自然产生微量酒精，让醋的香气更为浓厚。其酸度比白醋更足，具有氨基酸、维生素和有机酸等营养物质。糯米醋适合烹调调味和腌制食物，例如做寿司醋饭、腌制酱菜；亦可直接稀释后饮用，能平衡体内酸碱度及养颜美容。

④ 果醋

又称为水果醋，由各种不同水果加水酿造而成，呈水状液体，色泽依使用水果种类的不同而有所差异，具有天然水果香气与甘甜风味。果醋比较不适合加热烹调，但经常被运用于制作果冻、凉拌菜、腌料等，或是被稀释后直接饮用。

⑤ 红酒醋

由红葡萄酒酿造而成，颜色透红，水状液态，具红葡萄酒香气以及发酵酸味，酸而不呛。红酒醋适合做凉拌菜，或是直接与熟食、酱汁拌一拌后食用，以及运用于风味浓郁的西式红肉料理。葡萄酒醋采用自然发酵的方式，并且需要长年存放熟成，陈酿得越久，则内含的氨基酸就越多，抗氧化效果也更佳。

⑥ 白酒醋

白酒醋、红酒醋都是西餐中常用到的调味料。白酒醋以白葡萄酒酿造而成，呈现透明浅黄色泽、水状液态，具白酒香气以及发酵酸味。广泛运用于各式餐点中，尤以西餐为多。好的白酒醋有提味、去腥作用，适合制作凉拌菜，或是直接与熟食、酱汁拌一拌后食用，或是加入橄榄油调制成油醋酱汁，亦适合作为鸡肉、白色鱼肉、凉拌菜的调味酱汁。

⑦ 巴萨米克醋

又称为意大利陈年酒醋，意大利文为 Aceto Balsamico，以葡萄汁熬煮浓缩，入木桶发酵酿造而成，巴萨米克醋会依照酿造时间的不同，在浓稠度、风味上有所差异。酿造时间短者陈年大约 3 ~ 5 年，适合做调味料，与海鲜搭配，或是直接做酱汁搭配食物；酿造时间长者陈年超过 5 年，除了具备年轻巴萨米克醋的特色与调味功能以外，也适合搭配更多蔬果、肉类，或是制作甜点。传统的巴萨米克醋是由家族长辈酿制、传承技术，当家族中有女儿诞生时，父亲就会订制一套醋桶并为她酿醋，在女儿出嫁时将醋作为她的嫁妆。

〔 醋 的选购＆保存 〕

选购方式	保存方式
· 选购时注意保存期限，应未被超过或接近。 · 外包装应完整、无破损。醋类含酸物，包装方式几乎都是玻璃瓶装，更能确保醋的质量。 · 由外观可以清楚看到内容物的颜色均匀，无杂质或其他杂色，摇动时依然呈现均匀色泽，无变质现象。	· 未开封：保存期限大部分为 18 个月至两年，放置阴凉通风处即可。 · 开封后：打开使用后，保存期限会缩短，收纳时须盖好盖子，可以放在阴凉通风处，如冷藏更佳，但避免混入其他物质或受潮。建议尽快在变质或发霉前使用完毕。 · 开封后若瓶盖不见了，可以用保鲜膜密封瓶口，一样放置于阴凉通风处，或是冷藏保存。

若盖子不见了，可以用保鲜膜将瓶口完整包裹起来。

数种酱油或醋可以放入收纳盒，再放入冰箱保存，取用时更为方便。

Point
C

酒

以各种蔬果或谷物发酵酿造而成的产品，并依照制作方式区分为酿造酒、蒸馏酒、再制酒。酿造酒是将谷物或水果先糖化后，经过密封发酵与浸制，再经过滤后所得到的液体。

酿造酒的酒精浓度相对比较低，一般在 20%Vol 以下，例如啤酒、清酒、葡萄酒、绍兴酒、小米酒、味醂。

蒸馏酒是在蔬果或谷物发酵酿造后，再进行蒸馏提纯，即利用酒精的沸点（78.5℃）和水的沸点（100℃）差，将原发酵液加热至两者沸点之间，再从中收集高浓度的酒精和芳香成分而成。蒸馏酒的酒精浓度比较高，色泽为透明无色，或透明琥珀色，例如米酒、高粱酒、伏特加、朗姆酒、威士忌、白兰地、琴酒、龙舌兰酒。

再制酒也可以称为合成酒，以蒸馏酒为基底，添加香料、药草、水果等调制而成，外观、色泽与风味也会因为添加的成分不同，而有相当大的差异。各种欧式香甜酒、咖啡酒、巧克力香甜酒、干邑橙橘酒，以及梅子酒、人参酒、玫瑰露、枸杞酒等皆是。

① 啤酒

属于酿造，啤酒又称为麦酒、液体面包，以大麦、啤酒花、酵母、水为主要原料酿造制成，酒精浓度大多为 4.5% ~ 7%Vol，依制程之差异区分为生啤酒、熟啤酒、黑啤酒。以上啤酒适合冰凉后直接饮用，并搭配各种下酒菜肴，也可用来腌制食材，或加入烹调中完成料理，例如做啤酒虾、啤酒猪脚、汤品；黑啤酒亦适合烘焙，例如制作黑啤酒巧克力蛋糕。

· 生啤酒

制程最后阶段完成发酵后，将啤酒直接桶装发售，未再经过加热杀菌的制程，一般只有 3~7 天的保质期。水状液态含气泡，色泽透明金黄，具有大麦发酵后的清香甘甜风味。

· 熟啤酒

制程最后阶段完成发酵后，将啤酒装瓶，再经巴氏消毒法杀菌后发售。灭菌的过程会消除啤酒中的一些风味，导致口感和滋味更淡，不过保质期被大大延长，一般能存放一年以上。呈水状液态含气泡，色泽透明金黄，具大麦发酵后的甘醇风味。

· 黑啤酒

将大麦烘焙至焦黑色后，再经过发酵酿造制作而成的啤酒，呈水状液态含气泡，色泽透明棕黑，并具大麦发酵后的浓烈风味。

[啤酒 的选购＆保存]

选购方式	保存方式
· 选购时注意保存期限，应未被超过或接近。 · 外包装应完整、无破损。包装方式有易拉罐装、玻璃罐装。 · 由透明外包装应可以清楚看到内容物颜色均匀，无杂质或其他杂色。	· 未开封：生啤酒冷藏保存期限为2～3星期；熟啤酒、黑啤酒放置阴凉处或冷藏保存期限为12～15个月。 · 开封后：应该尽早饮用或使用完毕，以免变质而丧失风味和口感。

打开后，尽早饮用
或使用完毕，以免
变质。

发酵调味料

② 清酒

属于酿造酒，以纯米、米曲、水为主要原料，将发酵所形成的浊酒经由过滤和去除杂质后，再以炭（木炭或竹炭）进行脱色后所形成的透明稍带浅黄色的液体。大部分清酒的酒精浓度在 14%～16%Vol 之间（比啤酒、葡萄酒稍微高）。

③ 绍兴酒

绍兴酒又称为陈年绍兴、花雕酒、女儿红，以糯米、小麦、水、菌种（麦曲或米曲）四种主要原料酿造而成，酒精浓度大约为 15%Vol，酒味会越陈越香，陈放越久越浓烈。绍兴酒普遍受到大众喜爱与使用，它在烹调时的味道比较柔和，适合搭配各种浓郁风味的食物，或是制作酱汁。绍兴酒还可以去除肉类、海鲜腥味，也具有增香作用，使菜肴更加鲜美。

④ 红葡萄酒

属于酿造酒，又称为"红酒"，以红葡萄为主要原料酿造而成，水状液态，色泽呈现透明红色。不同产区与酿造法所酿造出的葡萄酒香气不同，具有丰富的花草、果香、坚果、橡木桶香气。红酒适合搭配牛肉料理，因为红酒含单宁，可以让肉质纤维软化而变得更软嫩。

⑤ 白葡萄酒

属于酿造酒，又称为"白酒"，以白葡萄，即果肉没有颜色的葡萄品种为主要原料酿造而成，分为干白酒、半干白酒、半甜白酒与甜白酒，水状液态，色泽呈现透明浅黄。不同产区与酿造法所酿造出的葡萄酒香气不同。白葡萄酒中的酸可以增加清爽口感，若加一点点在海鲜中会有去腥作用。

⑥ 小米酒

属于酿造酒，酿制小米酒是台湾地区少数民族的传统文化之一，相传有超过千年之历史，其是以小米为主要原料，磨成米浆后经过酿造而成。存放越久香气越浓厚，水状液态，色泽为混浊米白，蕴含小米醇香与甘甜风味。适合直接饮用，或配餐，以及用来腌制肉类、加工肉品，或是加入食物中烹调提味。

⑦ 味醂

属于酿造酒，又称为味霖、味淋、米醂、米霖，属于日本料理常用调味品之一，由糯米与米曲经过一定时间酿造、熟成所制成，米曲会在发酵过程中，将糯米中的淀粉分解成葡萄糖。味醂区分成两种：本味醂，味醂风。本味醂为糯米、曲与酒精发酵酿造制成，酒精浓度比较高，大约在14%Vol；味醂风为糯米、曲、糖、酿造醋与盐等成分混合酿造成，酒精成分不到1%Vol。

⑧ 米酒

属于蒸馏酒，以米为主要原料，是将米蒸熟后加入菌种发酵及蒸馏而成，酒精浓度大约在15% ~ 25%Vol，水状液态，色泽透明，味道带有辛辣风味。好的米酒无杂味，而且应有一股米饭的清香味，适合用于腌制，烹调方式以烧、煮、清蒸、快炒为佳，亦是中式菜肴不能缺少的酒类调味料。

⑨ 高粱酒

属于蒸馏酒，采用高粱米酿造制成的烧酒，高粱米有红、白色两种，红色高粱米又称酒高粱，主要用于酿酒、酿醋，白色高粱米性温、味甘涩，适合食用。高粱酒为水状液态，色泽透明清澈，风味含独特的高粱芳香。适合直接饮用，以及搭配各种食物烹调，亦可用于腌制肉类、加工肉品，或于烹调完成前加入一些提味。

⑩ 白兰地

属于蒸馏酒，以葡萄酒或水果酒为主要原料，经过蒸馏制作而成，酒精浓度大约为 42%Vol，水状液态。盛装于橡木桶内时添加有少量焦糖，使色泽呈现透明琥珀色。风味充满强烈的花果芳香与甘甜味。适合直接饮用或用于调制鸡尾酒，以及搭配白肉、海鲜料理或巧克力食用。

⑪ 朗姆酒

属于蒸馏酒，又称为蓝姆酒，以甘蔗、糖蜜为主要原料，经过发酵与蒸馏酿造制作而成。依照制程又分成三种：白色朗姆酒（酒精浓度大约为35%Vol），呈现水状液态，色泽无色透明，风味柔和清爽；金色朗姆酒（酒精浓度大约为 45%Vol），呈现水状液体，颜色为淡褐色，味道浓厚；黑色朗姆酒（酒精浓度大约为 40% ~ 75%Vol），有浓厚强烈的酒香。朗姆酒最适合作为甜点的淋酱，或是菜肴佐酱，甚至加入一些到面糊中，能增添淡雅酒香。

⑫ 威士忌

属于蒸馏酒，英文名 Whisky 的意义为生命之水，以大麦、小麦、玉米等谷类为主要原料，经过酿造蒸馏而成，酒精浓度大约 40% ~ 50%Vol，盛装于橡木桶贮藏 2 ~ 8 年以上使之成熟，水状液态，色泽呈透明琥珀色，风味浓郁、香醇、独特。适合直接饮用或调制成鸡尾酒，也可搭配轻食、开胃菜和甜点，或是加入食物中一起烹调。

〔 **酿造酒、蒸馏酒 的选购&保存** 〕

选购方式	保存方式
选购时注意保存期限，应未被超过或接近。 外包装应完整、无破损。外包装透明者，可以清楚看到内容物，以颜色均匀，无杂质或其他杂色为宜。	未开封：啤酒以外的酿造酒、蒸馏酒的保存期限大约为3年，保存环境良好的话甚至可达无限期。 酿造酒、蒸馏酒一般放室温阴凉处保存即可，葡萄酒类则适合在温度10℃、相对湿度70%的环境保存。开封后原本保存的期限则会缩短，务必于变质或发霉前使用完毕，并且留意勿混合进其他物质或受潮。 开封后：保存期限会缩短，建议尽快在变质前使用完毕；收纳时须把瓶口封好，可以放在阴凉通风处，或放冰箱冷藏更佳，并避免混合进其他物质。

若盖子丢失，可以用橡皮筋、保鲜膜等密封瓶口。

若瓶盖丢失，可以用保鲜膜封口。

Point
D

豆瓣酱

豆瓣酱又称为豆瓣、辣豆瓣，是原产于四川的发酵酱料，以面粉、煮熟蚕豆或黄豆为主要原料进行发酵，再加上辣椒碎、盐、白芝麻油、糖等调味料，并和辛香料制造而成。制作中随着发酵时间增长，豆瓣酱色泽会逐渐加深。豆瓣酱广受大众喜爱与使用，特质是因其辣味比较高，可运用于辣味料理。

[豆瓣酱 的选购&保存]

选购方式	保存方式
选购时注意保存期限，应未被超过或接近。 外包装应完整。豆瓣酱的包装方式几乎都是塑料瓶装、玻璃罐装。 由透明外包装应可以清楚看到内容物的颜色均匀，无杂质或其他杂色，摇动时内容物依然呈现均匀红褐颜色，无变质现象。	未开封：豆瓣酱保存期限大部分为两年，放置阴凉通风处保存即可。 开封后：打开使用后，保存期限会缩短。收纳时须把盖子密封好，可以放在阴凉通风处，如放冰箱冷藏更佳。应避免混入其他物质或受潮。建议尽快在变质或发霉前使用完毕。 开封后若盒盖不见了，可以用保鲜膜封口，一样放置于阴凉通风处，或放冰箱冷藏保存。

调味酱料使用完后需要冷藏时须将盖子旋紧。瓶身比较高的瓶瓶罐罐适合放在冰箱冷藏室的门边保存。

发酵调味料

甜面酱

又称为甜酱，以面粉、黄豆、盐、水为主要原料，经过发酵酿造而成，呈浓稠状，它的甜味来自发酵过程中产生的麦芽糖、葡萄糖等物质，鲜味则来自蛋白质分解产生的氨基酸。甜面酱因为不同地区的做法的原料与制程不同，而呈现出有所差别的风味。甜面酱不仅滋味鲜美，而且可以丰富菜肴味道层次，具有开胃助食的作用。

豆腐乳

又称为豆乳、南乳，属于天然发酵酱料，以豆腐为主要原料进行发酵，再加入盐、香油、花椒调味而成。豆腐乳是营养价值非常高的豆制品，有天然的甘甜味，广受大众喜爱，吃稀饭时搭配一两块十分开胃，也可以用来调味，或者调制蘸酱，例如台湾的羊肉炉火锅就少不了以豆腐乳为基底调制的蘸酱。市面上除了原味、辣味豆腐乳之外，商人们也陆续开发其他口味，在酿造过程中加料，让豆腐乳口味越来越多样，例如麻油豆腐乳、红曲豆腐乳、梅子豆腐乳等。

〔 **甜面酱、豆腐乳** 的选购＆保存 〕

选购方式	保存方式
· 选购时注意保存期限，应未被超过或接近。 · 外包装应完整、无破损。甜面酱、豆腐乳的包装方式几乎都是塑料瓶装、玻璃罐装。 · 由透明的外包装应可以清楚地看到内容物的颜色均匀，无杂质或其他杂色。 · 将甜面酱摇动观察，内容物依旧呈现均匀色泽。无变质现象。 · 豆腐乳不能摇动，挑选时以块形完整、没有破损为佳。	· 未开封：大部分甜面酱保存期限为三年，豆瓣酱保存期限为两年，这类调味酱放置阴凉通风处保存即可。 · 开封后：打开使用后，保存期限会缩短，收纳时要把盖子盖好，可以放在阴凉通风处，放冰箱冷藏更佳，应避免混入其他物质或受潮。建议尽快在变质或发霉前使用完毕。 · 开封后若盒盖丢失，可以用保鲜膜密封罐口，一样放置于阴凉通风处，或是冷藏保存。

若盖子不见了，可以用保鲜膜将罐口完整包裹。

Point
G

豆豉

属于天然发酵酱料，又称为荫豉，以黄豆或黑豆为主要原料，利用曲霉、毛霉或是细菌蛋白酶的作用分解大豆蛋白质，达到一定程度时，加盐、加酒、干燥等方法，抑制酶的活力，延缓发酵过程而制成。豆豉分成淡豆豉、咸豆豉，分别又有干、湿两种：湿豆豉是将原料黄豆或黑豆的精华全部保留下来，具有浓烈的醍醐味；干豆豉则是制造酱油所留下的渣渣，内部精华已经被抽离，经过补充盐水再晒干而成。

Point
H

豆酱

豆酱含丰富蛋白质，烹调时不仅能增加菜肴的营养价值，也能呈现出鲜美的滋味，并有开胃功效。豆酱又称为大豆酱、黄豆酱，以炒熟的黄豆、米、糖、盐为主要原料经过发酵制造而成。外观为含有颗粒的液状酱料，色泽淡黄，并且有浓郁的豆酱味，可以让料理味道更加丰富。黄豆酱味甘带咸，使用范围很广，适合搭配稀饭食用，或是用于焖、煮、清蒸、凉拌、腌等烹调方式。

Point
I

酒酿

属于天然发酵调味品，又称为甜酒酿。是用蒸熟的糯米接种酒曲，置于温热的环境中发酵数小时，让谷类的淀粉部分糖化后制成的食品。色泽米白，呈现米粒与液体的混合形态，具有糯米发酵后的甘甜香味，质地软烂，带有些微发酵酸味。适合直接食用，或是运用于中式甜汤，例如酒酿汤圆、酒酿水果羹、酒酿蛋、酒酿桂花奶冻。

〔 豆豉、豆酱、酒酿 的选购＆保存 〕

选购方式	保存方式
· 选购时注意保存期限，应未被超过或接近。 · 选购时注意外包装是否完整。豆酱、酒酿、湿豆豉的包装方式几乎都是塑料瓶装、玻璃罐装；干豆豉大部分是塑料袋包装。 · 由透明外包装可以清楚看到内容物的颜色均匀，无杂质或其他杂色。 · 摇动豆酱、酒酿、湿豆豉时，内容物依然呈现均匀色泽，且无变质现象。 · 干豆豉应粒粒完整，且不能有发霉现象或是异味。	· 未开封：豆酱、酒酿、湿豆豉、干豆豉的保存期限大部分为1年，这类调味酱放置阴凉通风处保存即可。 · 开封后：保存期限会缩短，收纳时须把盖子盖好，可以放在阴凉通风处，放冰箱冷藏更佳。避免混入其他物质或受潮。建议尽快在变质或发霉前使用完毕。 · 干豆豉以塑料袋装的居多，开封使用后，保存时宜将袋口绑紧，再放入冰箱冷藏。 · 开封后若盒盖不见了，可以用保鲜膜密封，一样放置于阴凉通风处保存，或是冰箱冷藏。

瓶身比较矮的调味酱料使用后收纳时，可先放入大的收纳盒排好，再放入冰箱冷藏室隔层，这样取用时更方便，也比较方便找寻。

Point J

味噌

属于日本特有的发酵酱料，又称为面豉，以黄豆为主要原料，加入盐、曲进行发酵而制成。味噌是日式料理不可缺少的调味料，以颜色分类，分成赤、黄及白味噌。赤味噌发酵时间最长，含盐量最高，颜色最深；白味噌发酵时间最短，含盐量最低，颜色最浅；黄味噌则介乎两者之间。味噌可运用于各种味噌汤、关东煮，烹调方式上适合焖、煮、清蒸、凉拌等。

发酵调味料

〔 味噌 的选购&保存 〕

选购方式	保存方式
选购时注意保存期限，应未被超过或接近。 选购时注意外包装是否完整。味噌的包装方式几乎都是塑料袋装、塑料盒装。 由透明外包装可以清楚看到内容物的颜色均匀，无杂质或其他杂色。	未开封：味噌的保存期限大部分为1年，放置阴凉通风处即可。 开封后：打开使用后，保存期限会缩短，收纳时要把盖子盖好，可以放在阴凉通风处，放冰箱冷藏更佳。避免混进其他物质或受潮。建议尽快在变质或发霉前使用完毕。 以塑料袋装盛的味噌，在开封使用后，宜将袋口绑紧，再放入冰箱冷藏保存。 开封后若盒盖不见了，可以用保鲜膜完整包覆，一样放置于阴凉通风处，或是冰箱冷藏保存。

若盖子不见了，可以用保鲜膜将盒口包裹严实。

红糟

又称为酒糟、红酒糟，是中式料理特有的发酵调味品。发酵制作完成的红曲酒过滤取出酒液后，所剩下的固形物即是酒糟，酒精浓度在 20%Vol 左右。市面上常见的红糟是客家红糟、福州红糟，这两种红糟的最大差别体现在腌制方法上：客家人在腌肉前，会将肉类先煮熟，等肉类冷却后才放入红糟酱中；而福州式腌制方法是将生的肉类直接浸泡在红糟酱中使其入味。红糟可以为料理增添美味和色泽，例如用于制作红糟肉、红糟饭、红糟鸡。

〔 红糟 的选购＆保存 〕

选购方式	保存方式
· 选购时注意保存期限，应未被超过或接近。 · 选购时注意外包装是否完整。红糟包装方式几乎都是塑料盒装、玻璃罐装。 · 由透明外包装应可以清楚看到内容物的颜色均匀，无杂质或其他杂色。	未开封：保存期限大部分为两年，放置阴凉通风处即可。 开封后：打开使用后，保存期限会缩短，收纳时要把盖子盖好，可以放在阴凉通风处，放冰箱冷藏更佳。避免混进其他物质或受潮。建议尽快在变质或发霉前使用完毕。 开封后若盒盖不见了，可以用保鲜膜封口，一样放置于阴凉通风处，或放冰箱冷藏保存。

鱼露

属于越南、泰国、菲律宾以及我国福建等地区料理常见的发酵调味品，又称为鱼酱油、虾油，制作时以去除内脏、鳞、鳃的鲜鱼及盐为主要原料，将新鲜的鱼和盐层层叠叠放入大缸中，以竹架或石块压于表面（能避免发酵后流出来的汁液让鱼浮起来），再进行腌制、发酵而成。制作鱼露所挑选的鱼类，通常以鳀鱼为主，入桶缸后在太阳光下曝晒，微生物会进行发酵作用而成鱼露。鱼露味道咸中带些微甘，适合作为蘸酱，或是和其他调味料、食材调和后当酱料使用。

Point M

虾膏&虾酱

虾膏和虾酱是东南亚料理的重要调味料。虾膏以幼虾为主要原料，将其盐制后曝晒，再捣成泥膏状所制成，并呈现紫红色。虾酱以虾膏为主要原料，制作时先将虾膏以干锅炒香，再加入其他配料如葱头、蒜头、鱼露等煮成虾酱，呈现深黯咖啡色。虾膏、虾酱皆为浓稠膏状，但制程和风味有较大差异，所以属于两种产品。

〔 **鱼露、虾膏、虾酱 的选购&保存** 〕

发酵调味料

选购方式	保存方式
· 选购时注意保存期限，应未被超过或接近。 · 选购时注意外包装是否完整。鱼露、虾膏、虾酱的包装方式几乎都是塑料瓶装、玻璃罐装。 · 由透明外观可以清楚看到内容物的颜色均匀，摇动后依然如此，无杂质或其他杂色，无变质现象。	· 未开封：鱼露、虾膏、虾酱的保存期限大部分为3年，放置阴凉通风处即可。 · 开封后：打开使用后，保存期限会缩短，收纳时要把盖子盖好，可以放在阴凉通风处，放冰箱冷藏更佳。避免混进其他物质或受潮。建议尽快在变质前使用完毕。 · 开封后若盒盖不见了，可以用保鲜膜封口，一样放置于阴凉通风处，或放冰箱冷藏保存。

若盖子不见了，可
以用保鲜膜将罐口
包裹严实。

纯酿酱油

Pure Brewed Soy Sauce

小档案

酱油又称为豆油、豉油，依酿造方式分成酿造酱油、化学酱油。纯酿造酱油（又称为浓厚酱油），以植物性蛋白（大豆、黑豆、黄豆、小麦等）为原料，加入水、食盐，经过制曲与发酵，再经过过滤、澄清、杀菌等程序后制成。天然纯酿造酱油的制作时间比化学酱油长，大约需要 120 ~ 180 天，因此，销售价格也相对比较高。纯酿酱油会因为各地区制作时的原料与配料不同，而在风味上有所差异。纯酿酱油因为钠含量比较低，果糖酸含量 1% 以下，成分健康天然，适合运用于面食、火锅、羹汤、凉拌菜、腌料、拌馅等。

使用方法

与其他食材或调味料拌匀成酱汁或酱料，或是加入食材中烹煮，当作调味料。

保存期限
（未开封）

18 个月
MONTHS

如何保存

未开封时放置阴凉通风处，避免阳光直射；开封后放置阴凉处或冰箱冷藏，并且尽快使用完毕。

室温 OK　　冷藏 OK

适合烹调法

炒	烤	煮	煎	卤
烧	蘸酱	凉拌	腌制	

外 观

红褐色偏黑的液态。

特 色

酿造时间比化学酱油长，大约需要 120 ~ 180 天。在各种烹调方式下能够表现出不同滋味与口感。

味 道

具有天然浓郁的豆香与微甘风味。

发酵调味料

1

辣椒油、豆瓣酱、花椒粒加入锅中，搅拌均匀。

2

以小火炒香至释出花椒味。

酱汁 | 干锅酱汁

🍲 烹调示范	🥄 完成份量	🕐 烹调时间
干陈哲	**210** g	**2** 分钟
〰 火候控制	小火	

保存期限　💧室温 **NO**　❄冷藏 **3** 天　❄冷冻 **6** 个月

调味料

花椒粒 10g、辣椒油 90g、豆瓣酱 90g、纯酿酱油 20g

3

接着加入酱油，边煮边搅拌至滚，关火后放凉即完成。

Tips　1. 炒花椒不可以用大火，以免烧焦而影响风味。
　　　2. 酱汁可依照个人需求调味，增减酱油、辣椒油分量。

1

松板猪肉洗净后擦干水分，切薄片。

2

花菜去除粗纤维，切小朵。

3

中姜去皮后切薄片。

下页

料理 | 干锅松板花菜

🍲 烹调示范	🥄 食用份量	🕐 烹调时间
王陈哲	**2** 人份	**5** 分钟
〰 火候控制	中火加热至180℃ ➞ 中火 ➞ 小火	

材料

松板猪肉 150g、花菜 100g、中姜 10g、灯笼椒 10g、干辣椒 10g、水 40g

调味料

花椒油 30g、细砂糖 5g

酱汁

干锅酱汁 160g

152 **Tips** 1. 松板猪肉可换成腰子、鸡腿肉。

花菜放入 180℃ 油锅，过油 30 秒钟至表面呈金黄色，捞起后沥干油分备用。

接着将松板猪肉放入180℃油锅，过油 30 秒钟至表面呈金黄色，捞起后沥干油分备用。

再加入干锅酱汁、松板猪肉、花菜。

并且依序放入灯笼椒、干辣椒、细砂糖、水，炒至汤汁收干且入味备用。

准备一个砂锅，盛入干锅松板花菜，以小火加热 30 秒钟，达到保温作用。

Tips

2. 过油可以让酱汁容易附着好入味，并且时间不宜太久，才能避免烧焦而影响风味。

3. 煮好的干锅松板花菜趁热吃最够味，可以放入砂锅，具有聚热效果，才不会很快冷掉。

以中火热锅，倒入15g 花椒油、中姜，以中火炒香。

料理 | # 干锅松板腰花

🍲 烹调示范	🥄 食用份量
👤 王陈哲	**2** 人份

材料

松板猪肉 150g、猪腰子 150g、中姜 10g、灯笼椒 10g、干辣椒 10g、水 40g

调味料

花椒油 30g、细砂糖 5g

酱汁

干锅酱汁 160g

做法

1 松板猪肉洗净后擦干，切薄片；猪腰子洗净后擦干，切格子刀纹；中姜去皮后切薄片，备用。

2 腰子放入180℃油锅，过油 30 秒钟至表面呈金黄色，捞起后沥干；接着将松板猪肉放入180℃油锅，过油 30 秒钟至表面呈金黄色，捞起后沥干，备用。

3 以中火热锅，倒入花椒油、中姜炒香，再加入干锅酱汁、松板猪肉、猪腰子、灯笼椒、干辣椒，并加入细砂糖、水，拌炒至汤汁收干且入味，关火。

4 准备一个砂锅，盛入干锅松板腰花，以小火加热 30 秒钟，达到保温作用。

古早味酱油

Soy Sauce

小档案

市面上有许多化学酱油，大部分是用盐酸让植物性蛋白发生水解，再以碱性物质中和不利产物后调制而成，制程只需要5～7天，售价低廉，但是风味偏咸，也少了古早味酱油的天然豆香味。古早味酱油与蔬菜搭配能够凸显出蔬菜的鲜甜味；和肉类搭配则能增进肉类的香气与柔软口感；炖煮时，可以带出食物的鲜甜风味；煎炒时，能让食物散发焦香味道，产生酥脆口感。

使用方法

可与其他食材或调味料拌匀成酱汁或酱料，或是加入食材中一起烹煮，当作调味料使用。

保存期限
（未开封）

18 个月
MONTHS

如何保存

未开封时放置阴凉通风处，避免阳光直射；开封后放置阴凉处或冰箱冷藏，并且尽快使用完毕。

室温 OK	❄ 冷藏 OK

适合烹调法

炒　烤　煮　煎　卤
烧　蘸酱　凉拌　腌制

外观

红褐偏黑色泽的液体酱油调味品。古早味酱油比一般化学酱油更能凸显菜肴的风味，也进一步提升食材本身的香甜甘醇好滋味。

特色

以古法酿造的酱油，钠含量比较低，运用于料理中，更容易呈现甘、香、咸的味道与口感。

味道

具有天然浓郁豆香、微甘风味。

1

以中小火热锅，倒入葱香油，炒匀。

2

再加入猪绞肉，炒至肉变白。

3

接着加入八角、肉桂粉、葱蒜酥，拌炒均匀且香味散出。

酱汁 | 古早味肉燥

🍲 烹调示范	✏️ 完成份量	🕐 烹调时间
黄经典	**250** g	**25** 分钟
〰️ 火候控制	中小火	

保存期限　💧室温 **NO**　❄️冷藏 **7** 天　❄️冷冻 **6** 个月

材料
猪绞肉 200g

调味料
八角 3g、肉桂粉 1g、米酒 10g、
古早味酱油 30g、黄砂糖 10g

酱汁
葱香油 20g（第 90 页）、
葱蒜酥 5g（第 90 页）

Tips　肉燥熬煮时，必须边煮边搅拌，以免底部烧焦而坏了整锅肉燥风味。

4

最后倒入米酒、酱油、黄砂糖，拌匀后边煮边搅拌 15 ~ 20 分钟至缩汁即完成。

155

肉燥筒仔米糕

🍲 烹调示范	🥄 食用份量	🕐 烹调时间
黄经典	**2** 人份	**15** 分钟
🌊 火候控制	中火蒸 → 蒸笼大火蒸	

材料

长糯米 200g、水 200g、
小黄瓜 50g、鱼松 10g

调味料

盐 2g、糯米醋 5g、黄砂糖 5g

酱汁

古早味肉燥 90g、
台式泡菜腌汁 30g（第
184 页）

1

长糯米洗净后沥干，
倒入水，浸泡 30 分
钟，沥干。

Tips　1. 鱼松可以换成肉松，再加一些炒过的樱花虾也很棒。

下页

2

蒸熟备用。

编者注： 图中使用的是"大同电锅"，可在外锅倒入1量米杯水，实现蒸煮效果。其他电锅一般不能在外锅加水。

3

小黄瓜切片，放入搅拌盆，加入2g盐拌匀。

4

腌约15分钟至出水，洗除咸味，并且挤干水分。

5

再加入台式泡菜腌汁、糯米醋、黄砂糖，搅拌均匀，待15分钟入味备用。

6

不锈钢或瓷器小杯内先盛装2大匙肉燥。

7

再填入糯米饭至杯子八分满。

8

接着放入蒸笼，以大火蒸5分钟，关火。

9

取出后倒扣于盘子，附上腌黄瓜、鱼松即可食用。

 Tips

2.装盛筒仔米糕的容器，以家中随手可得的耐蒸杯子、饭碗即可，直接盛装米饭并淋上肉燥，加上腌黄瓜、鱼松轻松完成。

1

话梅、酱油、味醂放入汤锅。

2

用汤匙或打蛋器充分搅拌均匀。

3

以小火边煮边搅拌至香气散出，关火后放凉即完成。

酱汁 | 甘露煮汁

🍲 烹调示范	🥄 完成份量	🕐 烹调时间
王陈哲	**500** g	**3** 分钟
〰️ 火候控制	小火	

保存期限 🌡️室温 **NO**   ❄️冷藏 **5** 天   ❄️冷冻 **6** 个月

材料
话梅 10g

调味料
古早味酱油 250g、味醂 250g

Tips 可依个人需求调整酱油、味醂的分量。

料理 | 柳叶鱼甘露煮

🍲 烹调示范	🥄 食用份量	🕐 烹调时间
王陈哲	**2** 人份	**60** 分钟
🌢 火候控制	烤箱180℃ → 大火 → 小火	

材料

柳叶鱼 300g、青葱 20g、白萝卜 20g、柴鱼高汤 300g（第29页）

调味料

细砂糖 50g、白醋 40g、米酒 75g、七味辣椒粉 1g

酱汁

甘露煮汁 240g

1

柳叶鱼洗净，青葱切半，备用。

Tips ── 1. 柳叶鱼可以换成香鱼、秋刀鱼。

下页

2

白萝卜去皮后，先剖半，再切成厚度1.5cm半圆片，备用。

4

继续烤8分钟至柳叶鱼上色，取出备用。

7

以大火煮滚，转小火煮10分钟，再加入80g甘露煮汁煮滚。

9

煮至所有食材熟软且入味（柳叶鱼入口即化的程度），关火。

3

柳叶鱼、青葱排入烤盘，再放入以180℃预热好的烤箱，烤1分钟至青葱表面呈金黄色，先取出。

5

柴鱼高汤、白萝卜、烤好的青葱放入汤锅，接着倒入细砂糖、白醋、米酒，充分拌匀。

6

再倒入80g甘露煮汁、柳叶鱼，轻轻搅拌均匀。

8

接着加入剩余的80g甘露煮汁。

10

盛盘，均匀撒上七味辣椒粉即可。

Tips

2. 甘露煮汁分次加入，可以让食材充分入味。
3. 柳叶鱼先油炸至金黄色，能增加香气。

淡色酱油

Light Soy Sauce

主要产地

中国、日本

外 观

淡红褐色的液态。

特 色

淡色酱油比一般酱油颜色淡且咸度偏低，但依然保有酱香味道，适合烹调海鲜或白肉料理。

味 道

具有清新香气、淡淡的咸味。

小档案

淡色酱油以字面意思来看，即是颜色比较淡而且味道清淡的酱油，淡色酱油又称为生抽，主要原料为大豆、水、盐，经由低温发酵酿造而成。如果想要凸显食材本身风味，不被调味料影响太多时，就适合挑选淡色酱油烹调。淡色酱油在市面上产品众多，例如台湾的白荫油（荫油指黑豆酱油）也是淡色酱油。还有一种白酱油，颜色更浅，加入菜肴中也不会改变食材的颜色，盐分含量与普通淡色酱油相近，适合运用于制作面食、海鲜料理、茶碗蒸、玉子烧、凉拌菜等。

使用方法

与其他调味料拌匀成酱汁或酱料，或是加入食材中烹煮，当作调味料。

保存期限
（未开封）

2 年
YEARS

如何保存

未开封时放置阴凉通风处，避免阳光直射；开封后放置阴凉处或冰箱冷藏，并且尽快使用完毕。

室温 **OK**

冷藏 **OK**

适合烹调法

炒	烤	煮	煎
蒸	烧	凉拌	腌制

2

用汤匙或打蛋器充分搅拌均匀。

3

以小火加热，边煮边拌至细砂糖溶化，关火后放凉。

酱汁 | 和风酱汁

🍲 烹调示范	🥄 完成份量	⏱ 烹调时间
王陈哲	**490** g	**3** 分钟
〰 火候控制	小火	

保存期限 💧室温 **NO** ❄冷藏 **7** 天 ❄冷冻 **NO**

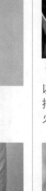

1

淡色酱油、细砂糖、色拉油、香油加入搅拌盆。

材料

柠檬汁 15g、熟白芝麻 10g

调味料

淡色酱油 100g、细砂糖 120g、白醋 150g、香油 50g、色拉油 50g

4

待酱汁完全放凉，再加入柠檬汁、白醋、熟白芝麻，拌匀即可。

Tips
1. 柠檬汁、白醋不可以煮滚，以维持良好风味。
2. 可依照个人需求增减柠檬汁、白醋、细砂糖分量，调整酸度与甜度。

2

龙须菜切小段，圣女小番茄切半，备用。

3

龙须菜放入滚水，以中火氽烫约3分钟至熟软，捞起后放入冰水冰镇备用。

料理 | 和风山药细面

烹调示范	食用份量	烹调时间
王陈哲	**2**人份	**3**分钟
火候控制	中火	

材料

山药150g、龙须菜30g、圣女小番茄20g

酱汁

和风酱汁80g

Tips

1. 山药可以换成茭白笋、杏鲍菇。
2. 山药刨丝方向必须一致，以免不好塑形。
3. 山药去皮后，若会放置比较长的时间，则需要泡入冷开水，避免氧化。

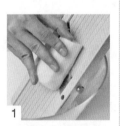

1

山药去皮后切10厘米长段，使用刨丝器将去皮切好的山药刨成细丝。

4

龙须菜排入盘中铺底，用筷子将山药丝卷成圆柱状，铺于龙须菜上，淋上和风酱汁，用小番茄点缀。

发酵调味料

163

1

擦拭海带表面灰尘后放入汤锅，加入所有调味料。

2

用汤匙或打蛋器充分搅拌均匀。

3

以小火加热，边煮边搅拌至细砂糖溶化，关火后放凉即完成。

酱汁 | 蒲烧酱汁

🍲 烹调示范	🥄 完成份量	🕐 烹调时间
王陈哲	**600** g	**3** 分钟
〰 火候控制	小火	

保存期限　🌡室温 **NO**　❄冷藏 **14** 天　❄冷冻 **6** 个月

材料
海带 20g

调味料
淡色酱油 180g、米酒 180g、味醂 180g、细砂糖 40g

Tips
1. 可依照实际需求调味，增减酱油、细砂糖分量。
2. 海带只要把表面灰尘擦掉就好，白色是矿物质成分，请不用担心。

3

以中火热锅，倒入色拉油，将鲷鱼片放入锅中，煎至两面呈金黄色。

4

再均匀倒入蒲烧酱汁，盖上锅盖，转小火焖煮至鲷鱼肉熟且入味。

料理 | 蒲烧酱鲷鱼

烹调示范	食用份量	烹调时间
王陈哲	**2** 人份	**15** 分钟
火候控制	中火→小火	

材料

鲷鱼肉 300g、金桔 10g、中筋面粉 10g、熟白芝麻 2g

调味料

色拉油 20g

酱汁

蒲烧酱汁 250g

1

鲷鱼肉切成厚度 1cm 片，金桔切对半。

2

每片鲷鱼片均匀裹上一层中筋面粉。

5

盛盘，并撒上熟白芝麻，附上金桔即可。

Tips 鲷鱼片可以换成鳗鱼、秋刀鱼。

165

酱油膏

Thick Soy Sauce

小档案

先产出酱油，再额外增加淀粉或糯米等增稠剂而制成。带有黏稠感，滋味也偏甜。除了适合红烧、卤制之外，更适合作为淋酱、蘸酱，比如在青菜烫熟后，可以淋上一些拌一拌吃。

使用方法

可与其他食材或调味料拌匀成酱汁或酱料，或是加入食材中一起烹调，当作调味料使用。

外 观

暗红褐色，稠状液态。

特 色

适合作为蘸酱。其稠状质地具有勾芡效果，可以取代马铃薯淀粉水，这样会降低菜肴的热量。

保存期限
（未开封）

2 年
YEARS

如何保存

未开封时放置阴凉通风处，避免阳光直射；开封后放置阴凉处或冰箱冷藏，并尽快使用完毕。

室温	**OK**	冷藏	**OK**

适合烹调法

炒	烤	卤	蒸
烧	烩	蘸酱	

味 道

充满浓郁酱香，味道甘甜，最适合烹调中式料理。

1

水、所有调味料放入
汤锅。

2

用汤匙或打蛋器充分
搅拌均匀。

3

以小火加热，边煮边
拌至细砂糖溶化，关
火后放凉即完成。

酱汁 | 家常酱汁

🍲 烹调示范	🥄 完成份量	🕐 烹调时间
👤 王陈哲	**255** g	**3** 分钟
〰️ 火候控制	小火	

保存期限　💧室温 **NO**　❄️冷藏 **5** 天　❄️冷冻 **6** 个月

材料

水 90g

调味料

酱油 60g、酱油膏 60g、
细砂糖 15g、米酒 30g

Tips　家常酱汁可依照个人需求调整咸度，增减酱油、酱油膏
分量。

167

料理 | 家常烧豆腐

🍲 烹调示范	🥄 食用份量	⏱ 烹调时间
王陈哲	**2** 人份	**5** 分钟
🔥 火候控制	中火	

材料

鸡蛋豆腐 300g、青葱 10g、蒜仁 10g

调味料

色拉油 10g、白胡椒粉 5g

酱汁

家常酱汁 80g

 Tips

1. 煎豆腐时，油量可以稍微多，以利烹调。
2. 鸡蛋豆腐可换成油豆腐、杏鲍菇。

2

以中火热锅，倒入色拉油，豆腐放入锅中，煎至两面金黄。

3

放入青葱、蒜仁，并加入家常酱汁、白胡椒粉，炒匀。

1

鸡蛋豆腐从塑胶盒取出，切成厚度 1cm 片状；青葱切小段；蒜仁切薄片，备用。

4

盖上锅盖，焖煮至熟且入味，盛盘即可。

蚝油

Oyster Sauce

主要产地

中国

外 观

稠状液态，颜色深黑。

特 色

蚝油可助料理提鲜、入味、增色，并有勾芡作用。咸中带鲜甜，适合制作红烧类菜肴、羹汤、凉拌菜、海鲜料理。

味 道

咸度比酱油低且带鲜甜味，非常适合烹调海鲜料理。

小档案

以牡蛎提炼的汁液为基底，熬煮至有些黏稠度后，再经由过滤、浓缩、调味（盐、糖、酱油等）而制成。浓稠度与酱油膏接近。因为有加入海鲜，所以属于荤食，吃素者不宜食用，但可购买以香菇制成的素蚝油。

蚝油的咸度比较低且带有鲜甜味，使用蚝油搭配海鲜料理，更能衬出鲜味；亦能利用少许蚝油搭配酱油一起入菜，能降低酱油的酸味，煮出咸中带甜的口味。

使 用 方 法

与其他调味料拌匀成酱汁或酱料，或是加入食材中烹煮，当作调味料。

保存期限（未开封） **2** 年 YEARS

如 何 保 存

未开封时放置阴凉通风处，避免阳光直射；开封后放置阴凉处或冰箱冷藏，并且尽快使用完毕。

室温 OK	冷藏 OK

适 合 烹 调 法

炒	烤	煮	卤
烧	烩	蘸酱	凉拌

169

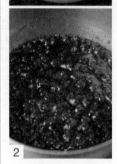

以小火加热，边煮边拌至细砂糖溶化。

酱汁 | 蒜泥酱

烹调示范	完成份量	烹调时间
王陈哲	**240** g	**3** 分钟
火候控制	小火	

保存期限　●室温 **NO**　❄冷藏 **7** 天　❄冷冻 **NO**

材料

蒜仁 40g、蒜酥 40g

调味料

细砂糖 16g、米酒 30g、香油 20g、蚝油 90g、白胡椒粉 4g

Tips

1. 蒜仁、蒜酥最后才加入，能保持香气。
2. 蒜泥酱可依照实际需求调整咸度，增减蚝油分量。

蒜仁切末。所有调味料放入汤锅，充分搅拌均匀。

再加入蒜仁、蒜酥，继续拌匀，关火后放凉即完成。

料理 ｜ 蒜泥蒸鲜虾

🍳 烹调示范	🥄 食用份量	🕐 烹调时间
王陈哲	**2** 人份	**16** 分钟
🔥 火候控制	中火蒸→小火	

材料

白虾 300g、鸡蛋豆腐 150g、
青葱 10g、辣椒 10g

调味料

色拉油 20g

酱汁

蒜泥酱 120g

1. 白虾可以换成草虾、鲍鱼、小乌贼。
2. 电锅可以换成蒸笼蒸制，以大火蒸 15 分钟
   至熟即可。

1

白虾剪须后剖背，并
挑除肠泥。

2

鸡蛋豆腐从塑胶盒取
出，切成厚度 1cm
片状；青葱切末；辣
椒切末，备用。

3

鸡蛋豆腐平铺于耐蒸
容器，将白虾排在鸡
蛋豆腐上，均匀淋上
蒜泥酱。

4

蒸熟。

编者注： 图中使用的是
"大同电锅"，可在外
锅倒入 1 量米杯水，实
现蒸煮效果。（其他电
锅一般不能在外锅加
水。）

5

以小火热锅，倒入色
拉油，加入青葱、辣
椒，炒香，淋在蒸好
的白虾上即可。

白醋

主要产地

中国

White Vinegar

小档案

属于谷物醋的一种，主要用糯米酿造而成，部分产品会加入糖、盐、麦芽抽出物等调味。白醋的酸度比黑醋高一些，但由于白醋的透明浅色特性，所以在烹调料理时，常被运用在开胃凉拌菜中，例如凉拌小黄瓜、凉拌海带芽、凉拌海鲜，可以避免影响料理的颜色，并能增添风味。此外，炒菜时加一点点白醋，可以保持蔬菜的色泽，并减少维生素的损失；烹饪肉类时，可以让肉类软化而变得鲜嫩美味；若食材具有腥味，则加些白醋，能去腥去异味；在腌制方面，加白醋除了增加香气，亦能延长食物的保存时间。

使用方法

与其他调味料拌匀成酱汁或酱料，或是加入食材中烹煮，当作调味料使用。

保存期限
（未开封）

2 年
YEARS

如何保存

未开封时放置阴凉通风处，避免阳光直射；开封后放置阴凉处或冰箱冷藏，并且尽快使用完毕。

室温 OK	冷藏 OK

适合烹调法

炒　煮　熘　蒸
烩　蘸酱　凉拌　腌制

外观

透明浅琥珀色，随着放置发酵时间的增长，颜色会加深。

清洁

白醋也是清洁的小帮手，清洗砧板、木制品或去除水垢时，喷一点点白醋再清洗，可以让这些器具焕然一新。

味道

味酸，微甘，且有米的发酵香气。

1

酱油、白醋、细砂糖、冷开水放入汤锅，搅拌均匀。

2

再加入韩式辣椒酱。

3

以小火加热，边煮边拌至细砂糖溶化。

4

接着放入熟白芝麻，搅拌均匀即完成。

酱汁 | 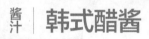 韩式醋酱

🍲 烹调示范	🥄 完成份量	🕐 烹调时间
黄经典	**140** g	**3** 分钟
〰 火候控制	小火	

保存期限　🖐室温 **NO**　❄冷藏 **7** 天　❄冷冻 **NO**

材料

冷开水 50g、
熟白芝麻 30g

调味料

酱油 10g、白醋 20g、细砂糖
10g、韩式辣椒酱 20g

Tips 加热的目的只是溶化所有材料，所以勿用大火及煮沸。

173

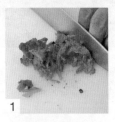

3

再加入韩式泡菜、猪肉片，充分拌匀。

料理 | 泡菜猪肉煎饼

🍲 烹调示范	🥄 食用份量	🕐 烹调时间
👤 黄经典	**2** 人份	**15** 分钟
🔥 火候控制	中小火	

材料

韩式泡菜 50g、中筋面粉 100g、鸡蛋 50g、水 80g、猪肉片 40g

调味料

盐 3g、色拉油 30g

酱汁

韩式醋酱 50g

1

韩式泡菜切小段。

中筋面粉、鸡蛋、水、盐放入搅拌盆，搅拌均匀即为面糊。

2

4

以中小火热锅，倒入色拉油均匀分布锅面，再倒入面糊后摊平成圆形。

5

煎熟且两面呈金黄色，取出后切8等份，盛盘，附韩式醋酱即可食用。

 Tips 煎面饼时，注意表面色泽与内部熟度，勿以大火烹调，以免表面焦黑而内部未熟。

酱汁 | 南蛮司汁

🍲 烹调示范	🥄 完成份量	🕐 烹调时间
王陈哲	**820** g	**3** 分钟
〰️ 火候控制	小火	

保存期限　💧室温 **NO**　❄冷藏 **7** 天　❅冷冻 **6** 个月

材料
柴鱼高汤 500g（第29页）

调味料
细砂糖 20g、味醂 100g、
淡色酱油 100g、白醋 100g

Tips
1. 白醋不宜煮滚，以维持酱汁最佳风味。
2. 此酱汁可依照实际需求调味，增减白醋、酱油分量。

1

高汤、味醂、细砂糖、
淡色酱油倒入汤锅，
搅拌均匀。

2

以小火加热，边煮边
拌至细砂糖溶化，关
火后放凉。

3

待酱汁完全凉，加入
白醋，拌匀即可。

3

以中火热锅，倒入色拉油，将鲷鱼肉放入锅中，煎至两面呈金黄色，取出后放凉。

4

红萝卜放入滚水，以中小火煮至食物熟软，捞起后放凉。

料理 | 鲜鱼南蛮司

🍳 烹调示范	🥄 食用份量	🕐 烹调时间
王陈哲	**2** 人份	**4** 分钟
〰 火候控制	中火→中小火	

材料

红萝卜 30g、洋葱 30g、金桔 10g、鲷鱼肉 300g、中筋面粉 10g

调味料

色拉油 20g

酱汁

南蛮司汁 250g

 Tips

1. 南蛮司汁必须覆盖所有食材。
2. 鲷鱼肉可以换成鲑鱼、海鲕。
3. 料理完成后，在阻隔空气并完全密封下，可以冷藏保存 7 天。

1

红萝卜、洋葱去皮后切丝，金桔切对半，备用。

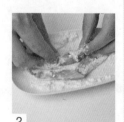

2

鲷鱼肉切宽度 0.5cm 条状，均匀裹上一层中筋面粉，待反潮。

5

南蛮司汁、红萝卜、洋葱、鲷鱼肉倒入搅拌盆，拌匀，盛入密封保鲜盒，盖上盒盖，再放入冰箱冷藏 12 小时待入味，盛盘时附上金桔即可。

乌醋

Black Vinegar

主要产地

中国

外观

黑色，液态。

特色

放乌醋的最佳时机在起锅前，能避免煮太久而导致酸味降低，进而影响料理风味。

味道

具有谷物香气，味道层次丰富，同时也能调和食物的风味。

小档案

又称为黑醋，是以白醋为主要基底原料，再加入糖、盐、辛香料、蔬果酱汁等发酵酿造而成，所以颜色比白醋深很多，咸度也相对高。白醋和黑醋是中式料理常用的醋，但烹调时如何决定加白醋还是乌醋呢？其实两者的味道与香气略有差异。在酸度方面，乌醋比白醋更为柔和，适合用来腌制凉拌菜、烹调酸味料理，或是直接与熟食、酱汁拌合，可以增添风味。适合给羹汤提味，或是烹调拌炒类菜肴，例如用于鱿鱼羹、肉羹、炒面、炒蛤蜊。因为它本身含盐，所以调味时必须斟酌用量，以免太咸。

使用方法

与其他调味料拌匀成酱汁或酱料，或是加入食材中烹煮，当作调味料使用。

保存期限
（未开封）

2 年
YEARS

如何保存

未开封时放置阴凉通风处，避免阳光直射；开封后放置阴凉处或冰箱冷藏，并且尽快使用完毕。

| 室温 | OK | 冷藏 | OK |

适合烹调法

| 炒 | 煮 | 熘 |
| 烩 | 蘸酱 | 凉拌 |

1

辣椒切末，蒜仁切末，中姜去皮后切末。

2

辣椒末、蒜末、中姜末全部放入搅拌盆。

酱汁 | **五味酱**

🍲 烹调示范	🥄 完成份量	🕐 烹调时间
王陈哲	**210** g	无
〰 火候控制	无	

保存期限	💧室温 **NO**	❄冷藏 **7** 天	❄冷冻 **NO**

材料

辣椒 12g、蒜仁 12g、
中姜 12g

调味料

乌醋 6g、番茄酱 130g、
酱油膏 6g、白醋 6g、
BB 辣酱 4g、细砂糖 25g

⬡ **Tips**

1. 五味酱可依照个人需求调味，增减咸度和甜度。

2. 辣椒、蒜仁、中姜请勿用果汁机打碎，则保存时间比较久些。

3

加入所有调味料，搅拌均匀即完成。

料理 | 五味软丝

🍲 烹调示范	🥄 食用份量	🕐 烹调时间
王陈哲	**2** 人份	**8** 分钟
🔥 火候控制	中火	

材料

软丝 350g、青葱 10g、中姜 10g

调味料

盐 5g、米酒 10g

酱汁

五味酱 100g

Tips

1. 软丝烹调时间勿太长，以免肉质太老，而影响成品风味。
2. 软丝可以换成鲨鱼烟、透抽、鱿鱼、花枝、章鱼。

1
软丝洗净后切格子纹，再切片备用。

2
青葱切段，中姜去皮后切薄片，备用。

青葱、中姜、盐、米酒放入滚水，并放入软丝，以中火煮至食物熟，捞起后沥干。

3

4
盛盘，附上五味酱即可食用。

糯米醋

Glutinous Rice Vinegar

小档案

纯天然酿造的糯米醋具有谷物发酵香气，风味独特，以水、100% 糯米为主要原料，经过半年以上发酵产生醋酸，并在酿造过程中自然产生微量酒精，让香气更为浓厚，同时具有氨基酸、维生素和有机酸等营养物质。陈年糯米醋酿造时间更久，必须经过一年半至两年以上，因此保存期限和耐存放的酿造酒一样，可达 3～5 年。

使用方法

可与其他调味料拌匀成酱汁或酱料，或是加入食材中一起烹煮，当作调味料使用。

保存期限
（未开封）

2 年
YEARS

如何保存

未开封时放置阴凉通风处，避免阳光直射；开封后放置阴凉处或冰箱冷藏，并且尽快使用完毕。

室温 **OK**　　冷藏 **OK**

适合烹调法

炒	煮	熘
蒸	烩	凉拌

外观

透明浅琥珀色，随着放置发酵时间增长，色泽会加深。

特色

糯米醋适合当调味料用于烹调和腌制，例如做寿司醋饭、腌制酱菜；亦可直接稀释后饮用，能平衡体内酸碱度及养颜美容。

600ml(20.2 fl. oz.)

味道

酸中带甘味，有米的发酵香气。

糯米醋、细砂糖、盐
放入汤锅。

用汤匙充分搅拌均
匀，以小火加热。

边煮边拌至细砂糖溶
化，温度达到 80℃左
右（不宜煮滚）即可
关火，放凉即完成。

酱汁 | 寿司醋汁

🍲 烹调示范	🥄 完成份量	🕐 烹调时间
王陈哲	**635** g	**3** 分钟
〰️ 火候控制	小火	

保存期限	💧室温 **NO**	❄️冷藏 **14** 天	❄️冷冻 **6** 个月

调味料

糯米醋 360g、细砂糖 200g、盐 75g

Tips 1. 糯米醋不宜煮滚，以维持良好风味。
2. 寿司醋汁可依照个人需求，调整酸度与甜度。

料理 | **日式海苔寿司**

 烹调示范	🥄 食用份量	🕐 烹调时间
王陈哲	**2** 人份	**20** 分钟
🔥 火候控制	中火蒸→中火	

材料

白米 100g、水 100g、
小黄瓜 30g、红萝卜 30g、
肉松 15g、花生粉 5g、
寿司海苔 2 张、渍嫩姜片 5g

调味料

美乃滋 10g

酱汁

寿司醋汁 30g

1

白米洗净后沥干，加
入水，蒸煮熟备用。

 Tips　1. 日式海苔寿司内的材料，可依照喜好做调整。
　　　　2. 渍嫩姜片可以到日本料理店、寿司店购买。

下页

2
小黄瓜切条，红萝卜去皮后切条，备用。

4
白米饭用饭匙翻松，倒入寿司醋，搅拌均匀备用。

7
并且均匀挤上美乃滋，撒上花生粉。

9
将竹帘压紧实并卷紧。

3
红萝卜放入滚水，以中火煮至熟软，捞起后放凉。

5
取1张保鲜膜铺在寿司竹帘上，寿司海苔再铺于保鲜膜上，将寿司醋饭平铺在寿司海苔上（铺0.5cm厚度、海苔上方留空3cm）。

6
接着在寿司醋饭中间，依序铺上红萝卜、小黄瓜、肉松。

8
慢慢卷起至尾端。

10
竹帘小心打开后，将海苔寿司切片，盛盘，搭配渍嫩姜片即可食用。

Tips
3. 拌米饭时，饭匙必须和白米饭以平行方式轻轻搅拌，保持饭粒的完整，同时用电风扇将米饭吹凉，吹除多余的水分。

将所有调味料放入汤锅。

以小火加热，边煮边拌匀至黄砂糖溶化，温度达到80℃左右（不宜煮滚）即可关火，放凉。

酱汁 | 台式泡菜腌汁

🍲 烹调示范	🥄 完成份量	🕐 烹调时间
黄经典	**185** g	**8** 分钟
〰 火候控制	小火	

保存期限　💧室温 **NO**　❄冷藏 **14** 天　❄冷冻 **6** 个月

通过滤网滤除甘草、八角、花椒粒即完成。

调味料

甘草 5g、八角 3g、花椒粒 0.5g、糯米醋 100g、黄砂糖 85g

Tips
1. 遇到酸性调味料，则以不锈钢锅具为佳，勿使用铁、铝、铜等不耐酸材质，才能避免酸性侵蚀锅具而产生有害人体的物质。
2. 酸度、甜度可依个人需求，增减糯米醋、黄砂糖的分量。
3. 烹煮火候不宜大火，以免锅子边缘烧焦而影响腌汁风味，并且不能煮滚，以免降低醋的发酵香味。

2

蒜仁切末，辣椒切斜片，备用。

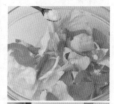

3

高丽菜、红萝卜放入搅拌盆，均匀撒上盐，再抓拌至蔬菜释出水分，静置 10 ~ 15 分钟，用冷开水洗除盐分并拧干。

1

高丽菜切小块；红萝卜去皮后剖半，再切成薄半圆片，备用。

4

倒入台式泡菜腌汁，拌匀，装入密封容器后盖上盒盖，以室温（25 ~ 30℃）发酵 4 ~ 6 小时，再冷藏 12 小时发酵完成。

| 料理 | 台式泡菜 |

🍲 烹调示范	🍴 食用份量	⏱ 烹调时间
黄经典	**2** 人份	无
◊◊ 火候控制	无	

材料

高丽菜 300g、红萝卜 30g、蒜仁 3g、辣椒 5g

调味料

盐 10g

酱汁

台式泡菜腌汁 50g

Tips

1. 腌泡菜的容器或材料若含油脂，则泡菜容易发霉腐败。

2. 一般腌泡菜时间大约 30 分钟即逐渐入味与发酵；若发酵时间充足，则可以增加泡菜的风味。

3. 这类以醋糖为主的腌制物，在完全阻隔空气的密封下，可以冷藏保存 1 个月、冷冻 1 年。

发酵调味料

185

果醋

Fruit Vinegar

小档案

又称为水果醋，指以水果经发酵而成的醋，口味酸中带甜，没有一般原醋的生醋味，还带有水果的香甜味。果醋比较不适合加热烹调，而经常被运用于制作果冻、凉拌菜、腌料等，或是直接饮用，非常爽口。但对于患有胃病或胃酸太多的人，因为胃黏膜表面的屏障受到破坏，胃黏膜被胃液中的消化酶和胃酸长期侵蚀，这时候若喝果醋，会腐蚀胃肠黏膜进而加重胃部不适，所以应该酌量食用果醋。

使用方法

可与其他食材或调味料拌匀成酱汁或酱料，或是加入食材中一起烹调，当作调味料使用，亦可直接加入冷开水稀释后当茶饮。

外观

颜色会因使用水果的不同而有差异。

特色

不建议用于加热烹调；除了适合用于制作果冻、凉拌菜之外，亦可直接加入冷开水稀释后当茶饮。

保存期限（未开封） **2** 年 YEARS

如何保存

未开封时放置阴凉通风处，避免阳光直射；开封后放置阴凉处或冰箱冷藏，并且尽快使用完毕。

室温 OK　　冷藏 OK

味道

具天然水果香气和酸味，带甘甜。

适合烹调法

打汁　　蘸酱　　凉拌

发酵调味料

1

细砂糖、水依序加入汤锅。

2

用汤匙或打蛋器充分搅拌均匀。

3

以小火加热，边煮边搅拌至细砂糖溶化，关火后放凉。

4

待完全放凉，再加入梅子醋拌匀即完成。

酱汁 | 梅子醋汁

🍲 烹调示范	🥄 完成份量	🕐 烹调时间
👤 王陈哲	**405** g	**3** 分钟
〰️ 火候控制	小火	

保存期限　🌡️室温 **NO**　❄️冷藏 **7** 天　❄️冷冻 **6** 个月

调味料

梅子醋 125g、细砂糖 30g、水 250g

Tips
1. 梅子醋不可以煮滚，以维持良好风味。
2. 可依照个人需求调整梅子醋、细砂糖的分量。

187

1 取一个方形容器，铺上一层保鲜膜备用。

2 吉利丁泡入冰开水，泡至变软，捞起后稍微拧干。

3 梅子醋汁、泡软吉利丁加入汤锅，以小火煮至吉利丁溶化，拌匀后关火。

4 接着倒入方形容器，放凉后盖上保鲜膜，再放入冰箱，冷藏4～6小时至凝固，脱模后切成小方形即可食用。

料理 | **梅子醋冻**

🍲 烹调示范	🥄 食用份量	🕐 烹调时间
王陈哲	**2**人份	**3**分钟
🔥 火候控制	小火	

材料
吉利丁4片（8g）
酱汁
梅子醋汁160g

Tips

1. 铺上一层保鲜膜，比较方便脱模。
2. 梅子醋汁可以换成苹果、凤梨、桑葚或蜂蜜风味。

白酒醋

White Wine Vinegar

主要产地
欧洲国家

小档案

白酒醋指的是白葡萄酒醋。先将材料制成酒，再将酒做成醋即为酒醋，酒醋中以白酒醋、红酒醋在西餐中最为常用。好的白酒醋有提味、去腥的作用，适合制作凉拌菜，以及直接与熟食或酱汁混拌，亦可加入橄榄油调制成油醋酱汁，也特别适合作为鸡肉、白色鱼肉、凉拌菜的调味酱汁。

使用方法

可与其他调味料拌匀成酱汁或酱料，或是加入食材中一起烹煮，当作调味料使用。

（外）（观）

淡黄色、透明的液体。

（特）（色）

白酒醋的酸味清爽，特别适合制成酱料，搭配沙拉一起食用。

保存期限（未开封） **2** 年 YEARS

如何保存

未开封时放置阴凉通风处，避免阳光直射；开封后放置阴凉处或冰箱冷藏，并且尽快使用完毕。

🜄		❄	
室温	**OK**	冷藏	**OK**

适合烹调法

炒	烤	煮	炖
烩	蘸酱	凉拌	腌制

（味）（道）

微酸，具发酵酒香，淡雅清新。

1

蒜仁切末，洋葱去皮后切末，备用。

2

白酒醋、冷压初榨橄榄油、盐放入搅拌盆，搅拌均匀。

3

再加入蒜末、洋葱末和黑胡椒碎。

酱汁 | 油醋酱

🍳 烹调示范	🥄 完成份量	🕐 烹调时间
👤 黄经典	**70** g	无
〰〰 火候控制	无	

保存期限	🌡室温 **NO**	❄冷藏 **3** 天	❄冷冻 **NO**

材料
蒜仁 5g、洋葱 5g

调味料
白酒醋 15g、冷压初榨橄榄油 50g、盐 3g、黑胡椒碎 2g

⬡ Tips
1. 运用现磨黑胡椒碎，香气特别足。
2. 油醋酱适合现做现用，勿放太久，以维持新鲜风味。

4

用汤匙充分搅拌均匀即完成。

2

马铃薯去皮后切小丁,再放入滚水,以小火煮15分钟,捞起后沥干。

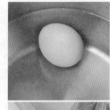

3

鸡蛋放入锅内,加水盖过,大火煮滚后,转小火煮12～15分钟至熟,捞起后放凉,去壳后切小瓣。

料理 | 油醋酱蔬菜沙拉

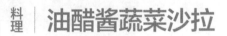

🍳 烹调示范	🥄 食用份量	🕐 烹调时间
黄经典	**2** 人份	**30** 分钟
〰️ 火候控制	小火→大火→小火	

材料

西生菜 80g、圣女小番茄 50g、鸡蛋 50g、马铃薯 80g、玉米粒 30g、葡萄干 10g

酱汁

油醋酱 70g

 Tips
1. 油醋酱汁可以淋着吃,或是边吃边蘸。
2. 所有食材应该保持冰凉和新鲜,可以呈现最佳风味与口感。

1

西生菜撕成一口大小,以冷开水冰镇;圣女小番茄切半,备用。

4

沥干的西生菜、小番茄和其他材料盛盘,淋上油醋酱拌匀即可食用。

红酒醋

Red Wine Rinegar

小档案

以红葡萄所制作的红酒酿造而成，具葡萄酒香气，酸而不呛。可用于腌制，或是加入橄榄油调成拌沙拉用的油醋酱汁，或是做火锅蘸酱，肉片在火锅中汆烫后沾一些会美味，亦可用于制作凉拌菜，或直接与熟食或酱汁混拌，也可以加入风味浓郁的西式红肉料理。红酒醋含有多酚、白藜芦醇、抗氧化物、叶酸等成分，适量食用能帮助人体抗氧化、保护心脏、红润肌肤、提高抵抗力。

使用方法

可与其他调味料拌匀成酱汁或酱料，或是加入食材中一起烹煮，当作调味料使用。

保存期限
（未开封）

2 年
YEARS

如何保存

未开封时放置阴凉通风处，避免阳光直射；开封后放置阴凉处或冰箱冷藏，并且尽快使用完毕。

室温	OK	冷藏	OK

适合烹调法

炒	烤	煮	炖
烩	蘸酱	凉拌	腌制

外 观

淡红色、透明的液体。

特 色

葡萄酒醋采自然发酵的方式，需要长年存放熟成，陈酿的年份越久，其内含的氨基酸就越多，帮助人体抗氧化的效果更佳。

味 道

充满发酵酒香，酸味中带点葡萄甜味。

1

渍鳀鱼、蒜仁、酸豆切末，备用。

2

渍鳀鱼、蒜仁、酸豆和所有调味料放入搅拌盆。

3

用汤匙搅拌均匀即完成凯萨酱。

酱汁 | 凯萨酱

🍲 烹调示范	🥄 完成份量	🕐 烹调时间
黄经典	**70** g	无
〰 火候控制	无	

保存期限 | 💧室温 **NO** | ❄冷藏 **3** 天 | ❄冷冻 **NO**

材料
渍鳀鱼 5g、蒜仁 5g、酸豆 3g

调味料
美乃滋 55g、红酒醋 5g

 Tips
1. 此酱含新鲜蔬菜和辛香料，适合尽早使用，以维持新鲜良好风味。
2. 渍鳀鱼、酸豆为罐头渍品，可以到大的超市或量贩店购买。

料理 | 凯萨沙拉

🍲 烹调示范	🥄 食用份量	⏱ 烹调时间
黄经典	**2** 人份	**8** 分钟
〰 火候控制	**小火**	

材料

萝蔓生菜160g、吐司12g、培根30g、
帕玛森起司粉3g

酱汁

凯萨酱70g

Tips

1. 生菜冰镇后，能保持清脆口感。
2. 生菜类和凯萨酱拌匀后，需要尽快食用完毕，以免生菜软烂脱水，而影响新鲜清脆口感。

1

萝蔓生菜撕成一口大小，以冷开水冰镇，捞起后沥干。

2

吐司切小丁；培根切细条，备用。

3

吐司放入锅内，以小火干炒至金黄酥脆，盛起后放凉。

4

培根放入锅内，以小火炒至稍微焦香酥脆，盛起后放凉。

5

萝蔓生菜放入搅拌盆，加入凯萨酱拌匀，盛盘，撒上帕玛森起司粉、吐司丁、培根丝即可。

主要产地
欧洲国家

巴萨米克醋

Balsamic Vinegar

外 观

颜色为乌黑或深红棕色的液体。

典 故

传统的巴萨米克醋是由家族长辈酿制，也传授技术，当家族中有女儿诞生时，父亲就会订制一套醋桶并为她酿醋，在女儿出嫁时将醋作为她的嫁妆。

味 道

酸香，带点甘甜味，越陈味道越浓郁。

小 档 案

意大利文为 Aceto Balsamico，又称为意大利陈年酒醋，是将葡萄汁熬煮浓缩，入木桶发酵酿造而成。巴萨米克醋会依照酿造时间的不同，在浓稠度、风味上有所差异：发酵时间越长，则葡萄汁水分蒸发越多，于是糖分浓度越高，甜味就越明显，酸气比较低；反之，如果发酵时间越短，则酸味越强烈，甜味越少。酿造时间短者在 3 ~ 5 年，适合做料理的调味料，与海鲜搭配，或是直接做成酱汁搭配食物；酿造时间长者超过 5 年，除了具备年轻巴萨米克醋的特色与调味功能以外，也适合搭配更多蔬果、肉类，或是用来制作甜点。

使 用 方 法

与其他调味料拌匀成酱汁或酱料，或是加入食材中烹煮，当作调味料使用。

保存期限（未开封） **2** 年 YEARS

如 何 保 存

未开封时放置阴凉通风处，避免阳光直射；开封后放置阴凉处或冰箱冷藏，并且尽快使用完毕。

室温 OK 冷藏 OK

适 合 烹 调 法

炒	煮	烧
蘸酱	凉拌	

酱汁 | 巴萨米克红酒酱

🍲 烹调示范	🥄 完成份量	🕐 烹调时间
黄经典	**250** g	**10** 分钟
🔥 火候控制	中火→小火	

保存期限 🌡室温 **1** 个月 ❄冷藏 **6** 个月 ❄冷冻 **NO**

调味料

巴萨米克醋 100g、红酒 100g、黄砂糖 50g

Tips
1. 酱汁浓稠如酱油膏般，勿太稀或太浓稠。
2. 含巴萨米克的酱汁浓度相当高，保存期限也比较久，但取用过程必须确保无其他（油、水等）物质污染，以免细菌产生。

1
巴萨米克醋、红酒、黄砂糖放入汤锅。

2
以中火加热，边煮边搅拌至黄砂糖熔化并煮滚。

3
转小火熬煮至剩 1/3 浓稠度（8 ~ 10 分钟），关火待降温即完成。

料理 | 煎牛排佐巴萨米克红酒酱

烹调示范	食用份量	烹调时间
黄经典	**2** 人份	**25** 分钟
火候控制	烤箱200℃→大火→中小火	

材料

沙朗牛排 360g、地瓜 80g、
西兰花 60g

黑胡椒碎 2g、冷压初榨
橄榄油 30g

调味料

玫瑰盐 10g、白胡椒粉 1g、

酱汁

巴萨米克红酒酱 85g

1

沙朗牛排均匀撒上玫
瑰盐、白胡椒粉、黑
胡椒碎，抓匀后腌 10
分钟待入味。

Tips 1. 牛排熟度可依肉质与个人喜好调整烹调时间。

2

地瓜去皮后切小块；西兰花去除粗纤维后切小朵，备用。

3

地瓜放入搅拌盆，倒入 10g 冷压初榨橄榄油，拌匀。

4

再排入烤盘，接着放入以 200℃ 预热好的烤箱，烤 20 分钟至熟，取出备用。

5

在滚水中加入 5g 盐和 1g 白胡椒粉（配方外）。

6

再放入西兰花，以大火汆烫熟后捞起。

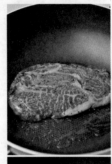

7

以中小火热平底锅，倒入剩余 20g 冷压初榨橄榄油，将沙朗牛排放入锅中，煎至两面皆七分熟。

8

牛排取出后切适合的小片，盛盘。

9

附上地瓜、西兰花、巴萨米克红酒酱即可。

Tips

2.地瓜拌入冷压初榨橄榄油，可以增加香气。

3.食用时可依个人喜好搭配玫瑰盐、黑胡椒碎调味。

主要产地
中国

绍兴酒

Shaoxing

外 观

颜色为棕黄或浅琥珀色。

特 色

绍兴酒可以去除肉类、海鲜的腥味，也具有增香作用，使菜肴更加鲜美可口。

味 道

甘醇浓厚带微甜，存放的时间越长越浓郁。

小 档 案

中国酒大致分成白酒、黄酒两种。金门高粱、贵州茅台归类在白酒，为透明无色、酒精浓度高的蒸馏酒；颜色呈棕黄、暗褐的酿造酒，则被归类为黄酒。浙江绍兴生产的黄酒很有名，所以大家直接将该类酒称为绍兴酒。绍兴酒又称为陈年绍兴、花雕酒、女儿红，以糯米、小麦、水、菌种（麦曲或米曲）四种主要原料酿造发酵而成，发酵后酒精浓度大约15％Vol，酒味会越陈越香，陈放越久越浓烈。绍兴酒广受大众喜爱与使用，它在烹调时的味道比较柔和，适合搭配各种浓郁风味的食物，或是用来制作酱汁。

使 用 方 法

可与其他调味料拌匀成酱汁或酱料，或是加入食材中一起烹煮，当作调味料使用。

保存期限（未开封）　**3** 年 YEARS

如 何 保 存

未开封时放置阴凉通风处，避免阳光直射；开封后放置阴凉处或冰箱冷藏，并且尽快使用完毕。

室温	OK	冷藏	OK

适 合 烹 调 法

炒	烤	煮	炖
蒸	焖	凉拌	腌制

1 水、当归、枸杞、红枣、盐加入汤锅。

2 以小火加热，煮至释出中药材香气。

3 关火后放凉，再加入绍兴酒，搅拌均匀即完成。

酱汁 | 绍兴酱汁

🍲 烹调示范	🥄 完成份量	🕐 烹调时间
王陈哲	**840** g	**3** 分钟
♨ 火候控制	小火	

保存期限　🔥 室温 **NO**　❄冷藏 **3** 天　❄冷冻 **6** 个月

材料
水 500g

调味料
当归 5g、枸杞 10g、红枣
20g、盐 5g、绍兴酒 300g

Tips
1. 这道酱汁中的绍兴酒不宜加热沸腾，以保留酒香。
2. 酱汁可依照实际需求调味，增减中药材和绍兴酒分量。

料理 | 绍兴醉虾

🍲 烹调示范	🥄 食用份量	🕐 烹调时间
王陈哲	**2** 人份	**2** 分钟
🔥 火候控制	中火	

材料

白虾 300g、青葱 10g、中姜 10g

调味料

米酒 20g

酱汁

绍兴酱汁 400g

Tips

1. 白虾可换成草虾、鸡肉，变化不同风味。
2. 白虾烹调时间勿太长，大约 2 分钟就好，以免肉质过老而影响风味。

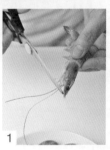

1

白虾剪掉刺须后开背，挑除肠泥。

2

青葱切小段；中姜去皮后切片，备用。

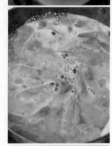

3

白虾、青葱、中姜、米酒放入滚水，以中火煮至白虾熟，捞起后泡入冰块水，待凉备用。

4

取出白虾后沥干，再放入绍兴酱汁浸泡，盖上保鲜膜，直接放入冰箱冷藏 1 天待入味，取出即可。

201

米酒

Rice Wine

小档案

米酒分成纯米酒、料理米酒两类，纯米酒与料理米酒的生产流程相同，但料理酒中添加了 0.5% 的食盐。米酒属于蒸馏酒，以米为主要原料，是将米蒸熟后加入菌种发酵，再蒸馏而成，酒精浓度大约为 15% ~ 25%Vol。好的米酒无杂味，适合作为腌料，用于烹调时方式以烧、煮、清蒸、快炒为佳，它是中式菜肴不能缺少的酒类调味料。烹调时，加适量米酒有画龙点睛的效果，可以让食物的鲜味散发出来。通常肉类或鱼类料理加一点点米酒，可以去除腥味，还可凸显食材的甘甜味。

使用方法

与其他调味料拌匀成酱汁或酱料，或是加入食材中烹煮，当作调味料使用。

保存期限（未开封）
3 年 YEARS

如何保存

未开封时放置阴凉通风处，避免阳光直射；开封后放置阴凉处或冰箱冷藏，并且尽快使用完毕。

室温	OK	❄ 冷藏	OK

适合烹调法

炒	烤	煮	煎
卤	蒸	凉拌	腌制

外 观

无色透明，液态。

用 途

米酒的烹调用途最广，例如做麻油鸡、做姜母鸭，浸泡中药材及各种食物，皆可添加米酒提味。

味 道

具有米饭清香和辛辣风味，也可以用浓郁的高粱酒替换，享受不同风味和口感。

照烧酱

酱汁

🍲 烹调示范	🥄 完成份量	🕐 烹调时间
👤 王陈哲	**425** g	**3** 分钟
◊◊ 火候控制	小火	

保存期限　🌡室温 **NO**　❄冷藏 **7** 天　❄冷冻 **6** 个月

材料
柴鱼片 5g

调味料
酱油 120g、米酒 120g、
味醂 150g、细砂糖 30g

Tips
1. 柴鱼片不宜煮滚，以免产生苦味。
2. 酱汁可依照需求调味，增减酱油和细砂糖分量。

1

所有调味料、柴鱼片放入汤锅，拌匀。

2

以小火加热，边煮边拌至细砂糖溶化（不宜煮滚），关火。

3

滤除柴鱼片，酱汁放凉即完成（渍柴鱼片备用）。

料理 │ 照烧猪肉丼饭

🍲 烹调示范	🥄 食用份量	🕐 烹调时间
王陈哲	**2** 人份	**4** 分钟
〰 火候控制	中火蒸→小火	

材料

洋葱 50g、青葱 10g、金桔 10g、
白米 100g、水 100g、火锅猪肉
片 100g、熟白芝麻 1g、渍嫩姜
片 5g、渍柴鱼片 2g（第 203 页）

调味料

色拉油 20g

酱汁

照烧酱 100g

 Tips

1. 也可以用电锅把白米煮熟。
2. 猪肉片不宜太厚，可以换成
鸡肉、牛肉片。

4

白饭盛碗，淋上照烧
猪肉，撒上青葱、熟
白芝麻，附上金桔、
渍嫩姜片、渍柴鱼片
即完成。

1

洋葱去皮后切丝；青
葱切末；金桔切对半，
备用。

2

白米洗净后沥干，加
入水，蒸熟，取出后
用饭匙翻松备用。

3

以小火热锅，倒入色
拉油，放入洋葱，以
小火炒至软，放入火
锅猪肉片、照烧酱，
焖煮 3 分钟至入味。

料理 | 照烧牛肉

🍲 烹调示范	🥄 食用份量
👤 王陈哲	**2** 人份

材 料

火锅牛肉片 100g、洋葱 50g、
青葱 10g、熟白芝麻 1g、水 100g

调 味 料

色拉油 20g

酱 汁

照烧酱 100g

做 法

1 洋葱去皮后切丝；青葱切末，备用。

2 以小火热锅，倒入色拉油，放入洋葱，以小火炒至软。

3 再放入火锅牛肉片、照烧酱、水，焖煮 3 分钟至入味，
  盛盘，撒上青葱、熟白芝麻即可。

1

凤梨果肉切小丁；辣椒切末；中姜去皮后切末，备用。

2

凤梨果肉、辣椒、中姜放入汤锅，加入调味料，搅拌均匀。

酱汁 | 凤梨树子酱

🍲 烹调示范	🥄 完成份量	🕐 烹调时间
👨 王陈哲	**755** g	**3** 分钟
🔥 火候控制	小火	

保存期限	🌡室温 NO	❄冷藏 5 天	❄冷冻 NO

材料

凤梨果肉 240g、辣椒 15g、中姜 30g

调味料

米酒 60g、细砂糖 20g、树子酱 390g

> **Tips**
> 1. 中姜生长期介于老姜和嫩姜之间，质地也刚好，烹调最好用。
> 2. 酱汁可依照个人咸甜需求，调整树子酱和细砂糖分量。

3

以小火加热，边煮边拌匀至滚即完成。

3

凤梨树子酱淋在罗非鱼上，放入蒸笼，以大火蒸约 15 分钟至鱼熟。

料理｜**树子蒸鲜鱼**

🍲 烹调示范	🥄 食用份量	🕐 烹调时间
👨 王陈哲	**4** 人份	**15** 分钟
〰 火候控制	蒸笼大火	

材料

罗非鱼 600g、青葱 10g、辣椒 10g

酱汁

凤梨树子酱 150g

Tips 罗非鱼可换成午仔鱼、软丝、小乌贼。

1

罗非鱼去除内脏、鱼鳃、鱼鳞，并修饰背鳍、腹鳍，尾巴修齐，在鱼背部划数刀，再排入长盘。

2

青葱、辣椒切丝，备用。

4

取出鱼，趁鱼热，铺上青葱丝、辣椒丝即可食用。

水倒入汤锅，加入所有中药材，搅拌均匀。

以小火加热，边煮边拌至滚，并释出药材味道。

关火后放凉，再均匀倒入米酒，拌匀即可。

酱汁 | 药膳酱汁

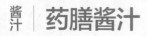

🍲 烹调示范	🥄 完成份量	🕐 烹调时间
王陈哲	**1650** g	**20** 分钟
〰 火候控制	小火	

保存期限	💧室温 **NO**	❄冷藏 **3** 天	❄冷冻 **6** 个月

材料

水 1500g

调味料

米酒 70g、黄芪 10g、当归 8g、
川芎 5g、熟地 5g、黑枣 30g、
桂皮 10g、陈皮 5g、枸杞 10g

Tips

1. 一定要等到酱汁煮滚，才可以关火。

2. 药膳酱汁可依照个人需求调整香气，适当更换药材配方或是增减分量。

2

药膳酱汁倒入汤锅，
放入猪肋排。

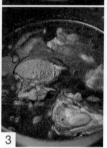

3

以中火加热，持续煮
到猪肋排熟软且入口
即化程度。

料理 | 药炖排骨汤

🍲 烹调示范	🥄 食用份量	🕐 烹调时间
👤 王陈哲	**2 人份**	**20 分钟**
〇〇 火候控制	大火→中火	

材料

猪肋排 300g

调味料

盐 5g

酱汁

药膳酱汁 500g

1

猪肋排放入滚水，以
大火汆烫至变白，捞
起后洗净杂质备用。

4

接着加入盐调味，盛
入汤碗即可食用。

Tips
1. 猪肋排可以换成排骨、鸡腿、羊肋排。
2. 猪肋排汆烫后洗净，可以去除杂质，能让
排骨汤没有腥味和浊度。

209

高粱酒

Kaoliang Liquid

小 档 案

以高粱米为主要原料所酿造而成的白酒，经过浸泡、蒸煮、糖化发酵、蒸馏等程序而成。高粱酒的产地以中国西南部的山区和东南沿海的金门岛最闻名。高粱米是高粱碾去皮层后留下的颗粒，可以制糖、制酒，也可以用来煮粥、当饭食，营养价值很高，具有健脾、益胃、促进消化的功效。金门高粱酒比较有名，其以金门高粱酿造，呈现透明清澈的水状液态，风味蕴含高粱米独特的浓郁芳香，适合直接饮用，以及搭配各种食物烹调，亦可用来腌制肉类、加工肉品，或于烹调完成前加入一些提味。

使 用 方 法

与其他调味料拌匀成酱汁或酱料，或是加入食材中烹煮，当作调味料使用。

保存期限
（未开封）
3 年
YEARS

如 何 保 存

未开封时放置阴凉通风处，避免阳光直射；开封后放置阴凉处或冰箱冷藏，并且尽快使用完毕。

室温 **OK**   冷藏 **OK**

适 合 烹 调 法

炒	烤	煮	煎
烧	凉拌	腌制	

外 观

色泽透明清澈，似水。

特 色

使用高粱米酿造。高粱米有红、白色两种，红色的又称酒高粱，主要用于酿酒、酿醋；白色的性温、味甘，适合食用。

味 道

富含高粱米酿造的独特味道，浓郁芳香。

酱汁 | 咸腌酱

烹调示范	完成份量	烹调时间
黄经典	**55** g	无
火候控制	无	

保存期限　💧室温 **NO**　❄冷藏 **7** 天　❄冷冻 **6** 个月

材料
蒜仁 5g

调味料
马告 2g、八角 3g、肉桂粉 1g、高粱酒 15g、盐 10g、酱油 10g、黄砂糖 10g

Tips
1. 经过擀碎的马告、八角，更能释出迷人香气。
2. 此酱除了可以腌咸猪肉之外，也能腌制其他禽畜类与鱼类。

1
蒜仁用刀背稍微拍扁；马告、八角分别装入塑胶袋，用罐子擀碎，备用。

2
蒜仁放入搅拌盆，倒入所有调味料。

3
用汤匙或打蛋器充分搅拌均匀即可。

211

2 猪五花肉放入搅拌盆，加入咸腌酱，抓匀后盖上保鲜膜，放入冰箱，腌5～6小时待入味。

3 从冰箱取出猪五花肉，再排入烤盘，放入以180℃预热好的烤箱，烤20～30分钟至外表上色。

料理 | 马告咸猪肉

🍲 烹调示范	🥄 食用份量	🕐 烹调时间
黄经典	**4** 人份	**40~60** 分钟
〰 火候控制	烤箱180℃→160℃	

材料

猪五花肉 600g、蒜苗 15g

酱汁

咸腌酱 55g

 Tips

1. 先高温烘烤再转低温，可以同时吃到稍微焦香、肉软嫩的好滋味。

2. 咸猪肉体积比较大且厚，所以需要注意温度与时间掌控，才能烤得恰到好处。

1 猪五花肉切成厚度约2cm长条；蒜苗切斜片，备用。

4 烤温调降至160℃，续烤20～30分钟至熟，取出后降温至不烫手备用。

5 烤好的咸猪肉切薄片，盛盘，附上蒜苗片即可食用。

啤酒
Beer

主要产地
全世界

外 观

啤酒为含气泡的液体，生啤酒为透明金黄色，熟啤酒为透明略深金黄色，黑啤酒为透明棕黑色。

味 道

具有大麦发酵后的清香甘甜风味，适宜冰镇后直接饮用，也可以用来制作料理。

热 量

市面上一罐330ml的啤酒，热量大约在103大卡（约431千焦），大家喜欢在夏天饮用冰镇啤酒，或与小菜搭配饮用，很容易喝多而囤积热量和脂肪，所以请注意适量。

小档案

又称为麦酒、液体面包，以大麦、啤酒花、酵母、水为主要原料酿造制作而成，酒精浓度在4.5%～5%Vol，依制程之差异区分为生啤酒、熟啤酒、黑啤酒。生啤酒为酒体完成发酵后，直接桶装用于饮用，未再经过加热杀菌，风味浓郁、丰富；熟啤酒为完成发酵后，将啤酒装瓶，再经过巴氏消毒法杀菌过程，原始风味有所丧失；黑啤酒是将大麦烘焙至焦黑色后，再经过发酵酿造制作而成的啤酒。以上啤酒适合冰镇后直接饮用，并搭配各种下酒菜肴；也可以用于腌制食材或加入烹调中完成料理，例如做啤酒虾、啤酒猪脚、汤品；黑啤酒亦适合烘焙，例如制作黑啤酒巧克力蛋糕。

使用方法

与其他调味料拌匀成酱汁或酱料，或是加入食材中烹煮，当作调味料使用。

保存期限
（未开封） **0.5~15** 个月
MONTHS

如何保存

未开封的生啤酒冷藏保存，期限为2～3星期。熟酿啤酒放置阴凉处或冷藏保存，期限为12～15个月，开罐后应尽早使用完毕，以免变质或丧失风味。

| 室温 | OK | 冷藏 | OK |

适合烹调法

| 炒 | 烤 | 煮 | 煎 |
| 卤 | 凉拌 | 腌制 | |

1

红萝卜去皮后切小
块；洋葱去皮后切小
块；西洋芹去叶后切
小段，备用。

2

红萝卜、洋葱、西洋
芹放入搅拌盆，加入
丁香、杜松子、月桂
叶、黑胡椒粒，并倒
入啤酒。

3

用汤匙（或打蛋器）
充分搅拌均匀即可。

酱汁 | 啤酒腌汁

🍲 烹调示范	🥄 完成份量	🕐 烹调时间
黄经典	**1150** g	无
〰 火候控制	**无**	

保存期限 ⚪室温 **NO**　❄冷藏 **3** 天　❄冷冻 **NO**

材料

红萝卜 50g、洋葱 50g、
西洋芹 50g

调味料

丁香 1g、杜松子 5g、
干燥月桂叶 3g、
黑胡椒粒 3g、啤酒 1000g

Tips

1. 红萝卜、洋葱、西洋芹勿切太大。
2. 啤酒腌汁属于即食腌料，所以等需要腌制时再制作。

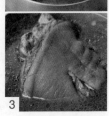

3

以大火煮滚后转小
火，盖上锅盖，焖煮
透 4 小时至猪脚完全
入味，关火。

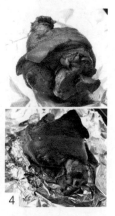

4

小番茄切对半；捞出
猪脚后沥干，再放入
以 180℃ 预热好的烤
箱，烤至金黄酥脆，
取出降温至不烫手。

1

确认猪脚细毛完全拔
除干净，再放入滚
水，以大火氽烫至变
白，捞起后洗净杂质
备用。

5

猪脚去骨后切块，盛
盘，附小番茄、黄芥
末酱、芥末籽酱即可
食用。

料理 | 啤酒猪脚

烹调示范	食用份量	烹调时间
黄经典	**4** 人份	**6** 小时
火候控制	**大火 ▶ 小火 ▶ 烤箱180℃**	

材料

猪脚 800g、圣女小番茄 20g

调味料

盐 15g、黄芥末酱 10g、芥末籽酱 10g

酱汁

啤酒腌汁 1150g

Tips
1. 黄芥末酱可以换成法式芥末酱。
2. 猪脚焖煮透而不烂，烘烤或油炸后才会外
   酥内 Q 弹。

2

猪脚放入汤锅，加入
啤酒腌汁、盐，再倒
入适量水（盖过猪
脚）。

Part 2

发
酵
调
味
料

215

清酒

Sake/Nihonshu

小档案

一般谈清酒，大部分从产地、原料用米、呈现口感、香气的角度来说。清酒是日本的一种代表酒。清酒以纯米、米曲、水为主要原料，先经过发酵形成浊酒，大部分酒精浓度在 14% ~ 16%Vol 之间（比啤酒、葡萄酒稍微偏高），再经过过滤，并以炭（木炭或竹炭）进行脱色，最后形成透明稍带浅黄色的液体。可以应用在料理上，常见用处是去除鱼类的腥臭味；或是运用于制作面食、烤物、清蒸菜、凉拌菜、腌制料等。

使用方法

可与其他调味料拌匀成酱汁或酱料，或是加入食材中一起烹煮，当作调味料使用。

保存期限（未开封）

3 年
YEARS

如何保存

未开封时放置阴凉通风处，避免阳光直射；开封后放置阴凉处或冰箱冷藏，并且尽快使用完毕。

室温 OK	冷藏 OK

适合烹调法

炒	烤	煮	煎
卤		凉拌	腌制

外 观

带浅黄色的透明似水状液体。

等 级

清酒依酿制的原料及米精制程度的不同，可分出不同的等级，大吟酿等级最高，因为它去除掉最多不利于酿酒的脂肪及蛋白质，仅留下富含淀粉质的米心。

玉泉
Yuchun Sake 清酒

味 道

因为使用的原料米不同，所酿造出来的味道有甜、辣等口感。

1

细砂糖放入汤锅，接着倒入水。

2

以小火加热，边煮边搅拌至细砂糖溶化，关火后放凉。

酱汁 | 蜜番茄汁

烹调示范	完成份量	烹调时间
王陈哲	**750** g	**3** 分钟
火候控制	小火	

保存期限　室温 **NO**　❄冷藏 **3** 天　❄冷冻 **6** 个月

材料
水 500g、清酒 100g、柠檬汁 50g

调味料
细砂糖 100g

Tips
1. 蜜番茄汁可依照个人喜好调味，增减柠檬汁、细砂糖的分量。
2. 柠檬汁、清酒必须等酱汁稍微凉，才能加入拌匀，以免影响酱汁风味。

3

再倒入清酒、柠檬汁，搅拌均匀即可。

2

小番茄放入滚水，以中火汆烫 10 秒钟至番茄皮稍微裂开。

料理 | 梅汁蜜番茄

🍳 烹调示范	🥄 食用份量	🕐 烹调时间
王陈哲	**2** 人份	**10** 秒钟
◊◊ 火候控制	中火	

材料
圣女小番茄 300g、话梅 5g

酱汁
蜜番茄汁 375g

 Tips

1. 圣女小番茄可以换成地瓜。
2. 蜜番茄汁必须覆盖所有小番茄，才能均匀入味。
3. 梅汁蜜番茄在阻隔空气密封状态下，冷藏可以保存 7 天。

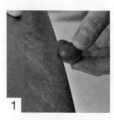

1

小番茄洗净后拭干水分，在蒂头处划十字刀痕备用。

3

捞起后泡入冰水，每个小番茄剥皮备用。

4

蜜番茄汁、小番茄、话梅加入搅拌盆，拌匀后盛入密封保鲜盒，盖上盒盖，再放入冰箱冷藏 8 小时待入味即完成。

朗姆酒

Rum

发酵调味料

外观

似水液态，依制程不同可能呈现透明、淡褐、深褐色泽。

味道

风味依制程的不同，有清爽的、浓厚的。朗姆酒最适合作为甜点的淋酱，或是菜肴佐酱，甚至加入一些至面糊中，能增添淡雅酒香。

特色

适合用于制作酱汁、烘焙点心，亦适合直接饮用，或调制各种鸡尾酒。

小档案

又称为蓝姆酒，以甘蔗、糖蜜为主要原料，经过发酵与蒸馏酿造制作而成。依照制程区分成三种：白色朗姆酒（Light Rum），酒精浓度大约为 35%Vol，经过比较短的酿造蒸馏熟成时间，无色透明，风味柔和清爽；金色朗姆酒（Gold Rum），酒精浓度大约为 45%Vol，有一段时间在橡木桶内熟成，呈现淡褐色，味道浓厚；黑色朗姆酒（Dark Rum），酒精浓度大约 40% ~ 75%Vol，在橡木桶中酿造的时间最久，呈现深褐色，有强烈酒香。

使用方法

可与其他调味料拌匀成酱汁或酱料，或是加入食材中一起烹煮，或是给烘焙点心增味使用。

保存期限（未开封） **3** 年 YEARS

如何保存

未开封时放置阴凉通风处，避免阳光直射；开封后放置阴凉处或冰箱冷藏，并且尽快使用完毕。

💧		❄	
室温	OK	冷藏	OK

适合烹调法

炒	烤	煮
蒸	蘸酱	凉拌

酱汁 | 橙香朗姆酒酱

🍳 烹调示范	🥄 完成份量	🕐 烹调时间
黄经典	**120** g	**18** 分钟
〰 火候控制	中火→小火	

保存期限	💧室温 **NO**	❄冷藏 **3** 天	❄冷冻 **NO**

材 料

香吉士 150g、柠檬 50g、香草荚 1/2 支

调 味 料

无盐黄油 30g、朗姆酒 30g、细砂糖 30g

Tips

1. 添加香草荚，可以增加酱汁香气，若没有则省略。
2. 刮取表皮时，请勿刮至白色果皮部分，以免煮好的酱汁有苦味。

香草荚剖开；香吉士皮和肉汁、柠檬皮和肉汁放入汤锅，加入香草荚和籽、无盐黄油，并加入朗姆酒、细砂糖，搅拌均匀，以中火煮滚。

1

香吉士刮取表皮成丝，去除外皮，果肉切小块，将芯挤出汁于小碗；柠檬取皮、果肉和汁的方法与香吉士相同。

3

转小火加热，边煮边搅拌，煮约 15 分钟至稍微浓稠且入味，关火后放凉即完成。

1

苹果去皮和核籽后，果肉切小丁备用。

2

以小火热锅，放入15g无盐黄油，加热至熔化。

下页

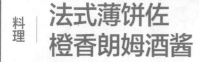

料理	法式薄饼佐 橙香朗姆酒酱

🍲 烹调示范	🥄 食用份量	🕐 烹调时间
黄经典	**2** 人份	**20** 分钟
〰️ 火候控制	小火	

材料

苹果 80g、鸡蛋 50g、牛奶 200g、低筋面粉 50g

调味料

无盐黄油 30g、细砂糖 10g

酱汁

橙香朗姆酒酱 120g

Tips
1.煎饼皮时，请先温热平底锅才不会粘锅，建议以不粘锅制作。

221

再放入苹果丁、细砂糖，拌炒均匀，且糖熔化完全附着苹果丁，关火后备用。

鸡蛋、牛奶放入搅拌盆，用打蛋器搅拌均匀，再加入过筛的低筋面粉。

继续搅拌均匀且无颗粒的细致面糊，用筛网过滤泡沫和杂质，接着倒入尖嘴大量杯备用。

以小火加热平底锅，放入 15g 无盐黄油，加热至熔化，并用刷子于锅面刷均匀，倒入 50 ~ 60g 面糊。

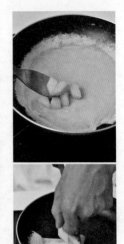

铺上适量炒好的苹果丁，包覆成扇形，重复煎饼皮、包馅步骤直到面糊用完，大约可做 4 个。

先将一面煎上色（饼皮边缘若稍微翘起来），关火。

两份盛一盘，淋上橙香朗姆酒酱即可。

Tips　2.火候宜小火，并准确掌握煎制时间，才能避免煎出焦黑或上色不足的饼皮。

白葡萄酒

White Wine

发酵调味料

(外)(观)

水状液态，依制程和产地不同，可能呈现透明淡黄色、深黄色。

(特)(色)

白酒适合搭配白肉，更显食材和酒的风味，白肉指海鲜、鸡肉等。

小 档 案

葡萄酒在西餐中扮演非常重要的调味角色。白葡萄酒以白葡萄为主要原料，由果肉没有颜色的葡萄品种酿造而成，分为干白葡萄酒、半干白葡萄酒、半甜白葡萄酒与甜白葡萄酒。白酒中的酸，可以增加清爽口感，若加一点点在海鲜中，则具去腥作用。白葡萄酒不宜搭配红肉的原因，除了白葡萄酒缺乏单宁之外，另一个原因是白葡萄酒口味普遍比较清淡，若搭配口味重的红肉以及浓厚的酱汁，味道会被盖过，不能为料理加分。

使 用 方 法

与其他调味料拌匀成酱汁或酱料，或是加入食材中烹煮，当作调味料使用。

保存期限
（未开封）

3 年
YEARS

如 何 保 存

未开封时放置阴凉通风处，避免阳光直射；开封后放置阴凉处或冰箱冷藏（12～15℃酒柜保存），并且尽快使用完毕。

室温	OK	冷藏	OK

(味)(道)

因为酿造方式和产区不同，可能具酸味、果香、花草香、坚果香、橡木桶香气等。

适 合 烹 调 法

炒	烤	煮
炖	烩	腌制

223

酱汁 | 白酒奶油酱

🍳 烹调示范	🥄 完成份量	🕐 烹调时间
黄经典	**250** g	**12** 分钟
〰 火候控制	小火	

保存期限	💧室温 NO	❄冷藏 3 天	❄冷冻 NO

材料

洋葱 20g、低筋面粉 20g、鸡骨高汤 150g（第25 页）、动物性稀奶油 50g

调味料

无盐黄油 20g、白酒 10g、盐 5g

 Tips

1. 此酱为乳制品酱，制作后请尽快使用完毕，以维持新鲜风味。

2. 烹调这道酱汁，必须使用冷的鸡骨高汤，能避免太烫而使面粉糊化。

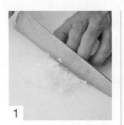

1

洋葱去皮后切末；无盐黄油放室温待软，备用。

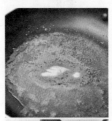

2

以小火热平底锅，放入 10g 无盐黄油，加热至熔化，再加入低筋面粉，拌炒均匀后关火，即为油糊。

3

以小火热平底锅，加入 10g 无盐黄油，加热至熔化，放入洋葱炒香，再倒入白酒，续煮至浓缩，接着加入油糊。

4

并倒入冷高汤，边倒入冷高汤边拌匀，最后加入动物性稀奶油煮匀，以盐调味即可。

料理 | 焗烤奶油海鲜炖饭

🍲 烹调示范	🥄 食用份量	🕐 烹调时间
黄经典	**2** 人份	**30** 分钟
〰️ 火候控制	小火→大火→小火→烤箱240℃	

材料

蛤蜊 80g、白米 180g、
白虾 150g、中卷 50g、
洋葱 20g、蒜仁 10g、
海鲜高汤 360g（第 27
页）、起司丝 80g

调味料

无盐黄油 20g、
干燥月桂叶 1g、白酒 15g、
白胡椒粉 2g、盐 5g

酱汁

白酒奶油酱 250g

 Tips 1. 浸泡蛤蜊的盐水比例为水 100 : 盐 1，即 100g 水需要
1g 盐。

1

取 一 锅 1000g 水，
加入 10g 盐，拌匀即
为盐水。蛤蜊放入盐
水，待吐沙备用。

2

白米洗净后沥干，倒
入水（水量需要盖过
白米），浸泡 20 分
钟。

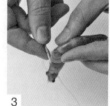

3

剪除白虾刺须后，挑
除肠泥并洗净，身体
去壳；中卷去除墨囊
后洗净，切宽度 1cm
圈状，备用。

225

下页

4

洋葱去皮后切小丁；蒜仁切末，备用。

5

以小火热锅，加入无盐黄油，加热至熔化，放入洋葱丁、蒜末、月桂叶，炒香，接着放入蛤蜊、中卷、白虾炒匀，盖上锅盖，煮到蛤蜊壳稍微打开。

6

倒入沥干水分的白米，拌炒均匀。

7

加入白酒、180g海鲜高汤，转大火煮滚，盖上锅盖，转小火焖煮约10分钟。

8

再倒入剩余180g海鲜高汤，盖上锅盖，续焖煮10分钟。

9

最后加入白胡椒粉、盐调味，并加入白酒奶油酱，拌炒均匀，关火。

10

盛入焗烤盘，均匀撒上起司丝，放入以240℃预热好的烤箱，烤5～8分钟至起司熔化且上色即可取出。

Tips

2. 烹煮白米时，需要搅拌均匀，让米饭均匀受热及煮熟。

主要产地
欧洲国家

红葡萄酒
Red Wine

外 观
水状液态，依制程和产地不同，可能呈现透明淡红、深红色。

醒 酒
红酒开瓶后饮用前需要醒酒，醒酒是让酒接触到空气，方便酒香散发出来，同时可以降低红酒的涩味。

味 道
因为酿造方法和产区的不同，可能具酸味、花草香、果香、坚果香、橡木桶香气等。

小 档 案
又称为红酒，以红葡萄为主要原料酿造而成。红酒适合搭配牛肉料理，因为红酒含单宁，可以让肉质纤维软化、变得更软嫩。红酒直接饮用，会因为内含单宁而让口中涩味十足，若是搭配一口食物，尤其是含蛋白质的肉类，口感会立刻非常协调；红酒和奶酪更是绝配，也是单宁、蛋白质结合下产生的美味反应。红酒富含酚类物质、类黄酮素，适量摄取可以预防心血管疾病的产生，也能抗氧化、防止老化速度变快、改善贫血、缓解经痛等。

使 用 方 法
与其他调味料拌匀成酱汁或酱料，或是加入食材中烹煮，当作调味料使用。

保存期限
（未开封）

3 年
YEARS

如 何 保 存
未开封时放置阴凉通风处，避免阳光直射；开封后放置阴凉处或冰箱冷藏（12～15℃酒柜保存），并且尽快使用完毕。

| 室温 | OK | 冷藏 | OK |

适合烹调法

| 炒 | 烤 | 煮 |
| 炖 | 烩 | 腌制 |

227

1

红酒倒入汤锅，并加入黄砂糖、肉桂粉。

2

用汤匙（或打蛋器）充分搅拌均匀。

酱汁 | 红酒蜜汁

烹调示范	🥄 完成份量	🕐 烹调时间
黄经典	**200** g	**10** 分钟
〰 火候控制	中火→小火	

保存期限　❄室温 **NO**　❄冷藏 **3** 个月　❄冷冻 **6** 个月

调味料

肉桂粉 1g、红酒 200g、黄砂糖 20g

Tips　1. 此酱汁必须缩煮，才能让红酒香气发挥最大效果。

2. 红酒蜜汁主要运用在炖煮类的水果甜品；或是当作甜点馅料，例如：塔、派等。

3

先以中火煮滚，转小火续煮至酱汁剩下2/3分量即完成。

3

以中火煮滚后，转小火续煮约 15 分钟至梨子软透，并且剩下 1/2 分量酱汁，关火后放凉。

4

冰块、红酒蜜梨放入果汁机（或冰沙机），搅打均匀，盛入杯中，用薄荷叶点缀。

料理 | 红酒蜜梨莎碧

🍳 烹调示范	🥄 食用份量	⏰ 烹调时间
黄经典	**2** 人份	**25** 分钟
〰 火候控制	**中火→小火**	

材料

西洋梨 150g、新鲜薄荷 2g

酱汁

红酒蜜汁 200g

 Tips

1. 制作冰沙时，需要检视冰块是否完全打匀，应避免有小颗粒，否则会影响口感。
2. 薄荷主要为装饰作用，以一心二叶为佳。

1

西洋梨去皮，再切成小块备用。

2

西洋梨放入汤锅，倒入红酒蜜汁。

味醂

主要产地
日本

Mirin

小档案

又称味霖、味淋、米醂、米霖，在日本料理中是常用调味品，由糯米与曲经过一定时间酿造、熟成而制成，米曲会在发酵过程中，将糯米中的淀粉分解成葡萄糖，味醂的甜味即是由此而来。味醂分为两种：本味醂、味醂风。本味醂为糯米、曲与酒精发酵酿造制成，酒精浓度比较高，大约在14%Vol；味醂风为糯米、曲、糖、酿造醋与盐等成分所制成，酒精成分不到1%Vol。味醂在调味方面，可以取代酒与糖，让肉类更加柔嫩，让海鲜降低腥味，并且让食物呈现甘甜风味。

使用方法

可与其他食材或调味料拌匀成酱汁或酱料，或是加入食材中一起烹调，当作调味料使用。

保存期限
（未开封）

3 年
YEARS

如何保存

未开封时放置阴凉通风处，避免阳光直射；开封后放置阴凉处或冰箱冷藏，并且尽快使用完毕。

室温	OK	冷藏	OK

适合烹调法

炒	煮	卤	炖
烧	烩	蘸酱	凉拌

外 观

呈现淡黄色、稍微稠状的液体。

特 色

炖煮、红烧或热炒类料理，都可以用味醂和酱油调配，提升香气，可见味醂在烹调方面扮演很重要的角色。

味 道

浓郁甘醇，带点酒香，最常使用于日式料理。

酱汁 | 日式凉面酱汁

🍲 烹调示范	🥄 完成份量	🕐 烹调时间
黄经典	**150** g	**2** 分钟
〰 火候控制	大火	

保存期限 | 🌡室温 **NO** | ❄冷藏 **5** 天 | ❄冷冻 **6** 个月

材 料
水 100g、柴鱼片 5g

调 味 料
酱油 30g、味醂 30g

1

水倒入汤锅，以大火煮滚后关火，降温至90℃左右（微滚），再加入柴鱼片，浸泡3～5分钟。

2

通过滤网滤除柴鱼片和杂质，形成清澈的柴鱼汤，放凉备用。

3

再加入酱油、味醂，用汤匙搅拌均匀即可。

> **Tips**
> 1. 不用大火煮滚柴鱼汤，才能保有柴鱼清香风味。
> 2. 滤除柴鱼片和杂质，可以避免汤汁混浊而影响风味。

 料理 | **和风意式凉面**

🍲 烹调示范	🥄 食用份量	🕐 烹调时间
黄经典	**2** 人份	**25** 分钟
〰 火候控制	大火→中火→小火	

材料

意大利天使细面 200g、
鸡胸肉 60g、小黄瓜 30g、
红萝卜 30g、鸡蛋 50g

调味料

盐 3g、葱香油 10g（第 90 页）、
色拉油 10g、七味辣椒粉 1g

酱汁

日式凉面酱汁 100g

1

取一个深汤锅，加入
1000g 水，以大火煮
滚，加入 1g 盐、意
大利天使细面，煮约
5 分钟。

⬡ Tips

1. 天使细面与鸡胸肉烹煮时的火候和熟度必须掌握好，
   才能维持最佳口感。

2. 所有食材冰镇后务必沥干水分，以免盛装后多余水分
   影响成品。

⬇ 下页

2

捞起意大利天使细面，并沥干水分，立刻加入葱香油，充分拌匀备用。

3

另外取一个汤锅，倒入水，以中火煮滚，放入鸡胸肉，转小火煮约 15 分钟至肉熟。

4

捞起鸡胸肉并沥干水分，放凉后剥成丝。

5

小黄瓜洗净后擦干水分，切丝；红萝卜去皮后切丝。

6

小黄瓜、红萝卜分别放入冷开水冰镇 5 ~ 8 分钟，沥干水分。

7

鸡蛋打散，加入剩余 2g 盐，搅拌均匀。

8

以小火加热平底锅，倒入色拉油，倒入蛋液，煎至一面呈金黄，翻面，续煎另一面也呈金黄。

9

取出煎好的蛋皮放凉，再切成丝状。

10

意大利天使细面铺于盘中当底，依序铺上鸡肉丝、小黄瓜丝、红萝卜丝、蛋丝，均匀撒上七味辣椒粉，搭配日式凉面酱汁即可食用。

Tips

3. 煎蛋皮时注意热锅冷油，以免蛋液粘锅。

4. 煮好的天使细面需要立刻沥干水分，再拌入适量油后放凉，以免粘成一团，千万不能用冷水浸泡，否则会影响面条口感。

1

酱油、味醂倒入汤锅，放入豆腐乳，并倒入柴鱼高汤。

2

用汤匙（或打蛋器）充分搅拌均匀。

3

以小火加热，边煮边搅拌至混合均匀，关火后放凉即完成。

酱汁 | 酱烧腐乳汁

🍲 烹调示范	🥄 完成份量	🕐 烹调时间
王陈哲	**530** g	**3** 分钟
〰 火候控制	小火	

保存期限	💧室温 NO	❄冷藏 5 天	❄冷冻 6 个月

材料
柴鱼高汤 375g（第 29 页）

调味料
豆腐乳 18g、酱油 12g、味醂 125g

 Tips
1. 用汤匙若不易搅拌均匀，可以换成打蛋器。
2. 可依照个人喜好调整酱汁咸度，增减酱油的分量。

料理 | 酱烧焖笋

🍲 烹调示范	🥄 食用份量	🕐 烹调时间
王陈哲	**2** 人份	**15** 分钟
〰 火候控制	中火→小火	

材料
绿竹笋（带壳）300g、熟白芝麻 1g
酱汁
酱烧腐乳汁 150g

Tips
1. 带壳绿竹笋可以换成冬瓜、莲藕。
2. 酱汁不容易入味竹笋，所以盖上锅盖焖煮一段时间为宜。

2

绿竹笋放入汤锅，并倒入酱烧腐乳汁。

3

以中火煮滚后，盖上锅盖，转小火焖煮约15分钟至竹笋熟软且入味。

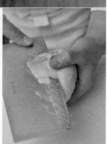

1

绿竹笋剥壳后，削除底部粗纤维，洗净后沥干，对切后切成滚刀块备用。

4

盛盘，均匀撒上熟白芝麻即可食用。

235

豆瓣酱

主要产地
中国

Chilli Bean Sauce

小档案

又称为辣豆瓣，是有四川特色的发酵酱料，以面粉、煮熟的蚕豆或黄豆为主要原料，进行发酵形成豆瓣，再加上辣椒碎、盐、白芝麻油、糖等调味料以及辛香料制造而成，随着发酵时间的增长，色泽会逐渐加深。不同厂家所生产的豆瓣酱，会因为每个地区的原料、配料与制程不同而在风味上有差异。

使用方法

可与其他调味料拌匀成酱汁或酱料，或是加入食材中一起烹煮，当作调味料使用。

保存期限
（未开封）

2 年
YEARS

如何保存

未开封时放置阴凉通风处，避免阳光直射；开封后放置阴凉处或冰箱冷藏，并且尽快使用完毕。

室温	OK	冷藏	OK

适合烹调法

炒	烤	煎	卤
烧	烩	蘸酱	

外 观

红褐色浓稠膏状。

特 色

豆瓣酱有川菜调味灵魂之称，可运用于麻辣料理，例如豆瓣鱼、鱼香茄子、回锅肉等。

味 道

充满浓郁的咸、辣、香味觉表现。辣味比较强，可运用于辣味料理。

1 以小火热锅，倒入色拉油、辣豆瓣酱。

2 用汤匙（或打蛋器）充分拌开且均匀。

酱汁 | 鱼香酱

🍲 烹调示范	🥄 完成份量	🕐 烹调时间
王陈哲	**220** g	**3** 分钟
〰️ 火候控制	小火	

保存期限	💧室温 **NO**	❄冷藏 **3** 天	❄冷冻 **6** 个月

材料
水 120g

调味料
色拉油 10g、辣豆瓣酱 50g、
细砂糖 20g、白醋 20g

3 炒至豆瓣香味出来，再加入水、细砂糖。

 Tips
1. 白醋宜等酱汁凉后再加入拌匀，以维持酱汁最佳风味。
2. 可依照个人喜好调整辣度，增减辣豆瓣酱的分量。

4 拌匀且煮滚，关火后放凉，接着加入白醋，搅拌均匀即可。

3

茄子沥干后放入滚
水，以小火煮至茄子
熟软，捞起后沥干。

4

以中火热锅，倒入色
拉油、猪绞肉，炒至
肉变白后，再放入姜
末、蒜末，炒至香气
散出。

料理 | 鱼香茄子

🍲 烹调示范	🥄 食用份量	🕐 烹调时间
王陈哲	**2** 人份	**6** 分钟
〰 火候控制	小火→中火	

材料

茄子 240g、猪绞肉 50g、青葱 10g、
中姜 10g、蒜仁 10g

调味料

白醋 20g、色拉油 15g

酱汁

鱼香酱 110g

 Tips

1. 茄子可以换成杏鲍菇、油条。
2. 茄子切好后若未立刻烹调，请先泡入冰水，
能避免氧化变色。

238

1

茄子切 5cm 小段，
泡入冰水备用。

2

青葱切末；中姜去皮
后切末；蒜仁切末。

5

接着放入鱼香酱、茄
子，炒匀并煮约3分
钟入味，加入葱末、
白醋即可。

甜面酱

Sweet Sauce /Sweet Soybean Sauce

主要产地
中国

外观

深红褐色，浓稠状。

特色

在中国北方，甜面酱的使用和普及率非常高，甜面酱的主要材料之一是面粉。当店家的馒头没有售完，常会拿来制作甜面酱。

小档案

又称为甜酱，属于中华料理特有的发酵调味酱料，以面粉、黄豆、盐、水为主要原料，进行发酵酿造而成。有时候会在发酵期间加入红曲增加色泽。它的甜味来自发酵过程中产生的麦芽糖、葡萄糖等物质，鲜味则来自蛋白质分解产生的氨基酸。甜面酱因为每个地区制作的原料、配料与制程不同，而在呈现出来的风味上亦有差异。甜面酱滋味鲜美，可以丰富菜肴味道的层次感，具有开胃助食的作用。可以用来制作酱爆鸡丁、京酱肉丝等；亦适合作为烤鸭蘸酱或肉类腌制调味料。

使用方法

可与其他调味料拌匀成酱汁或酱料，或是加入食材中一起烹煮，当作调味料使用。

保存期限（未开封）

36 个月 MONTHS

如何保存

未开封时放置阴凉通风处，避免阳光直射；开封后放置阴凉处或冰箱冷藏，并且尽快使用完毕。

室温	OK	冷藏	OK

适合烹调法

炒	烤	煎	卤
烧	烩	蘸酱	腌制

味道

具有发酵香气，咸中带甘甜味。

1

蒜仁切末；中姜去皮后切末；马铃薯粉加水拌匀，备用。

2

以小火热锅，倒入色拉油、蒜末、姜末，炒香。

3

再加入甜面酱、辣豆瓣酱炒匀，接着加入剩余调味料，炒匀。

酱汁 | 炸酱

🍳 烹调示范	🥄 完成份量	🕐 烹调时间
黄经典	**300** g	**8** 分钟
〰〰 火候控制	小火	

保存期限　💧室温 **NO**　❄冷藏 **7** 天　❄冷冻 **6** 个月

材料

蒜仁 10g、中姜 5g、
马铃薯粉 20g、水 180g

调味料

色拉油 10g、甜面酱 30g、
辣豆瓣酱 15g、蚝油 30g、
细砂糖 20g、辣椒粉 1g

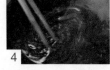

4

均匀倒入马铃薯粉水，边煮边拌至滚且呈浓稠即完成。

Tips

1. 马铃薯粉水倒入锅中，需要边倒边拌，才能分布均匀。
2. 炸酱比较浓稠，烹煮时必须边煮边拌，以免烧焦。

2

以小火热锅，倒入色拉油、洋葱，炒香，再放入猪绞肉，炒至肉变白。

3

接着加入马铃薯、鸡骨高汤，转中火煮滚，盖上锅盖，焖煮至熟软，最后加入炸酱，拌匀。

料理 | 炸酱面

🍲 烹调示范	🥄 食用份量	🕐 烹调时间
黄经典	**2** 人份	**15** 分钟
🔥 火候控制	小火→中火	

材料

小黄瓜 30g、洋葱 20g、马铃薯 50g、猪绞肉 60g、鸡骨高汤 50g（第 25 页）、油面 200g

调味料

色拉油 10g

酱汁

炸酱 300g

Tips

1. 油面本身是熟的，所以不需要煮太久，也可以换成意面、意大利细面。

2. 这道面食主要风味来自甜面酱，所以高汤勿加太多，以维持甜面酱浓郁香味。

1

小黄瓜切丝；洋葱去皮后切小丁；马铃薯去皮后切小丁。

4

油面放入滚水，以中火煮 2 ~ 3 分钟，捞起后沥干，盛盘，淋上炸酱，放上小黄瓜丝即可。

豆腐乳

Fermented Bean Curd

小档案

又称为南乳，属于天然发酵酱料，以豆腐为主要原料进行发酵，再加入盐、香油、花椒调味而成。每个地区制作的豆腐乳因原料与制程不同，在外观和风味上会有所差异。就营养成分而言，豆腐乳和豆豉及其他豆类制品一样，价值比较高。豆腐乳普遍受到大众的喜爱与使用，吃稀饭时搭配一两块，十分开胃；也可以用在料理上调味，例如制作粤菜的南乳排骨、椒丝腐乳炒通菜、南乳花生，川菜的南乳扣肉、湖南的腐乳冬笋等。

使用方法

可与其他调味料拌匀成酱汁或酱料，或是加入食材中一起烹煮，当作调味料使用。

保存期限（未开封）

2 年
YEARS

如何保存

未开封时放置阴凉通风处，避免阳光直射；开封后放置阴凉处或冰箱冷藏，并且尽快使用完毕。

室温 **OK**　　冷藏 **OK**

适合烹调法

炒	炸	煮	蒸
焖	蘸酱	凉拌	

外观

一般为红色方形的固态。在制作的开始为白色，随着发酵时间增长，色泽会逐渐加深。

味道

具有发酵米香味，带微甘味。可以作为基底调制蘸酱，例如羊肉炉火锅就少不了这种蘸酱。

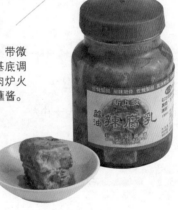

变化

除了原味、辣味之外，在酿造过程中加料，可以让口味变化多样，例如有麻油豆腐乳、红曲豆腐乳、梅子豆腐乳、金门高粱酒豆腐乳、小米酒豆腐乳等。

1

蒜仁用刀背稍微拍
扁；辣椒切小段，全
部备用。

2

蒜仁、辣椒放入果汁
机，并且加入所有调
味料。

3

盖上果汁机盖，按下
电源键，搅打均匀成
泥即完成。

酱汁 | 黄金泡菜酱汁

🥘 烹调示范	🥄 完成份量	🕐 烹调时间
王陈哲	**195** g	无
🔥 火候控制	无	

保存期限 🌡️室温 NO ❄️冷藏 **7** 天 ❄️冷冻 NO

材料
蒜仁 30g、辣椒 15g

调味料
辣豆腐乳 40g、细砂糖
30g、白醋 30g、香油
30g、辣椒油 20g

Tips
1. 蒜仁稍微拍扁后放入果汁机，更容易搅打均匀。
2. 黄金泡菜酱汁可依照个人需求调整辣度，增减辣豆腐
乳、辣椒油分量。

1

高丽菜切小块，放入大的搅拌盆，均匀撒入盐。

2

抓拌至高丽菜释出水分，静置 10～15 分钟，以冷开水洗除盐分，并拧干水分。

3

加入黄金泡菜酱汁，搅拌均匀，盛入密封保鲜盒，盖上盒盖，再放入冰箱冷藏 12 小时待入味即可。

料理 ｜ 黄金泡菜

🍲 烹调示范	🥄 食用份量	🕐 烹调时间
王陈哲	**2** 人份	无
〰 火候控制	无	

材 料
高丽菜 240g

调 味 料
盐 12g

酱 汁
黄金泡菜酱汁 80g

 Tips

1. 高丽菜梗可以先压碎，腌制时比较容易入味。
2. 黄金泡菜酱汁必须覆盖所有高丽菜，并隔绝空气密封下冷藏，可以保存 7 天。

豆豉

Fermented Soya Beans

主要产地
中国

小档案

又称为荫豉，属于天然发酵酱料，以黄豆或黑豆为主要原料，利用曲霉、毛霉或是细菌蛋白酶的作用，分解出蛋白质，再加入盐、酒，进行发酵酿造而成。豆豉有干、湿两种：湿豆豉在制作中将原料黄豆或黑豆的精华全部保留下来，具有浓烈的醍醐味，口感香醇，散发自然的甘甜；干豆豉则是制造酱油所留下的渣渣，内部精华已经被抽离，经过补充盐水再晒干而成。两者皆可丰富料理香气，用到豆豉的经典料理有豆豉鲜蚵、豆豉山苏、豆豉蒸白鲳、豉汁凤爪、豉汁排骨等。

使用方法

与其他调味料拌匀成酱汁或酱料，或是加入食材中烹煮，当作调味料使用。

特色

豆豉味道重，是中菜常用的调味料之一，适合用来烹调海鲜、蔬菜料理。

外观

酿制过程中外观会随时间增长而逐渐加深，一开始为白色，后来才变成黑色固体状。

保存期限（未开封）

1年 YEARS

如何保存

未开封时放置阴凉通风处，避免阳光直射；开封后放置阴凉处或冰箱冷藏，并且尽快使用完毕。

室温 **OK**	冷藏 **OK**

味道

白豆豉具甜味；黑豆豉具咸味、发酵米香味、微甘味。

适合烹调法

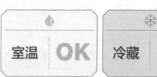

炒	烤	煮	煎
蒸	焖	凉拌	

1

酱油、细砂糖、米酒
倒入汤锅，并且加入
豆豉。

2

用汤匙（或打蛋器）
充分搅拌均匀。

3

以小火加热，边煮边
拌至细砂糖溶化，关
火后放凉即完成。

酱汁 | 豆豉酱

🍲 烹调示范	🥄 完成份量	🕐 烹调时间
王陈哲	**100** g	**3** 分钟
🔥 火候控制	小火	

保存期限　💧 室温 **NO**　❄ 冷藏 **5** 天　❄ 冷冻 **6** 个月

调味料

豆豉（湿）30g、酱油 30g、细砂糖 30g、米酒 10g

Tips　1. 豆豉酱可依照个人需求调整咸度，增减酱油的分量。

2. 若使用干豆豉（分量 30g），则需要稍微洗过，洗除表面灰尘。

2 马铃薯粉、水拌匀，即为马铃薯粉水。

3 鲜蚵放入滚水，关火，盖上锅盖，焖煮2分钟，捞起后沥干。

4 以中火热锅，倒入色拉油、蒜苗、辣椒、蒜仁，炒香，加入豆豉酱、鲜蚵，轻轻拌炒至入味。

料理 豆豉鲜蚵

🍳 烹调示范	🥄 食用份量	⏱ 烹调时间
王陈哲	**2** 人份	**5** 分钟
🌗 火候控制	**中火**	

材料
鲜蚵 300g、蒜苗 15g、辣椒 10g、蒜仁 10g、
马铃薯粉 5g、水 20g

调味料
香油 2g、色拉油 5g

酱汁
豆豉酱 80g

1 鲜蚵洗净后沥干；蒜苗切1cm小段；辣椒切末；蒜仁切末。

5 接着倒入马铃薯粉水勾薄芡并煮滚，再加入香油提味即可。

 Tips
1. 鲜蚵烹调时间勿太长，以保持最佳口感。
2. 拌炒鲜蚵时，动作不可太粗鲁，以免把鲜蚵弄破，轻轻推锅铲即可。

黄豆酱

Soybean Sauce

小 档 案

又称为大豆酱、豆酱，属于中式料理常用的天然发酵酱料，以炒熟的黄豆、米、糖、盐为主要原料进行发酵制造而成，不同地区制作的，在风味上会有所差异。黄豆酱味甘带咸，使用范围很广，可以搭配稀饭食用，或是用于焖、煮、清蒸、凉拌、腌制等料理方式，例如用于制作酱凤梨、酱萝卜、凉拌龙须菜等。

使 用 方 法

与其他调味料拌匀成酱汁或酱料，或是加入食材中烹煮，当作调味料使用。

外 观

酱汁中含有黄豆颗粒。黄豆颜色会随时间增长而加深，一开始为浅黄色，渐渐变为深黄色。

特 色

豆酱含丰富蛋白质，烹调时不仅能增加菜肴的营养价值，也能呈现出鲜美的滋味，并有开胃功效。

保存期限
（未开封）
1 年
YEARS

如 何 保 存

未开封时放置阴凉通风处，避免阳光直射；开封后放置阴凉处或冰箱冷藏，并且尽快使用完毕。

💧		❄	
室温	OK	冷藏	OK

适 合 烹 调 法

炒	煮	熘	蒸
焖	凉拌		腌制

味 道

咸中带甘甜，并有发酵豆香味。

1 水、细砂糖倒入汤锅，并加入豆酱。

2 用汤匙（或打蛋器）充分搅拌均匀。

3 以小火加热，边煮边拌至细砂糖溶化，关火后放凉即完成。

酱汁 | 凉拌豆酱汁

🍲 烹调示范	🥄 完成份量	🕐 烹调时间
王陈哲	**300** g	**3** 分钟
🔥 火候控制	小火	

保存期限	🔥室温 **NO**	❄冷藏 **5** 天	❄冷冻 **6** 个月

材料

水 200g

调味料

豆酱 60g、细砂糖 40g

Tips

1. 豆酱可以到传统杂货店、传统市场购买。

2. 酱汁可依照个人需求调整咸度和甜度，增减豆酱、细砂糖的分量。

料理 | 凉拌龙须菜

🍲 烹调示范	🥄 食用份量	🕐 烹调时间
👤 王陈哲	**2** 人份	**3** 分钟
🌡 火候控制	中火	

材料

龙须菜 300g、蒜仁 5g、
熟白芝麻 1g、柴鱼片 1g

调味料

香油 3g

酱汁

凉拌豆酱汁 50g

 Tips

1. 龙须菜可以换成四季豆、小黄瓜。
2. 用冰水浸泡降温的龙须菜，能避免继续熟成，并且保持鲜绿色泽。

1

龙须菜取嫩的部分洗净，切成小段；蒜仁切末，备用。

2

龙须菜放入滚水，以中火煮熟，捞起后泡入冰水，沥干。

3

将龙须菜放入搅拌盆，加入蒜末、香油、凉拌豆酱汁，用汤匙充分拌匀。

4

盛盘，撒上柴鱼片、熟白芝麻即可。

味噌

Miso/Bean Paste

主要产地

中国、日本

小档案

又称为面豉，属于日本料理特有的发酵酱料。以黄豆为主要原料，加入盐、曲进行发酵而制成，含有大豆蛋白、维生素及人体所需氨基酸。不同地区厂家所生产的味噌，会因原料、配料与制程的不同，而在风味方面有所差异。味噌是日式料理不可缺少的调味料，可运用于各种味噌汤、关东煮，或是焖、煮、清蒸、凉拌方式的烹调。味噌对人体健康有许多好处，其咸香味有开胃的功能，能够促进食欲，帮助摄取更多的食物营养。对女性来说，味噌含丰富大豆异黄酮，是一种天然雌激素，能抗氧化，也能帮助预防更年期障碍。

外观

赤色味噌为红色浓稠膏状，淡色味噌为米黄色浓稠膏状。色泽会随时间增长而加深。

味道

具有浓郁豆香和咸味。

特色

以颜色分类，分成赤、黄及白味噌。赤味噌发酵时间最长，含盐量最高、颜色最深；白味噌发酵时间最短，含盐量最低、颜色最浅；黄味噌则介于两者之间。

使用方法

可与其他调味料拌匀成酱汁或酱料，或是加入食材中一起烹煮，当作调味料使用。

保存期限（未开封）　**1**年　YEARS

如何保存

未开封时放置阴凉通风处，避免阳光直射；开封后放置阴凉处或冰箱冷藏，并且尽快使用完毕。

室温 **OK**　冷藏 **OK**

适合烹调法

| 炒 | 烤 | 煮 | 煎 |
| 焖 | 凉拌 | 腌制 | |

2 通过滤网滤除柴鱼片和杂质，形成清澈的柴鱼汤，放凉。

3 再加入赤味噌、白味噌、味醂，搅拌均匀。

酱汁 ｜ 柴鱼味噌酱

🍲 烹调示范	🥄 完成份量	🕐 烹调时间
王陈哲	**245** g	**8** 分钟
〰 火候控制	大火→小火	

保存期限　💧室温 **NO**　❄冷藏 **7** 天　❄冷冻 **6** 个月

材料

水 200g、柴鱼片 5g

调味料

赤味噌 8g、白味噌 20g、味醂 12g

 Tips

1. 味噌不宜大火加热，以免烧焦而影响酱汁风味。
2. 酱汁可依照个人需求调整咸度，增减味噌的分量。

1 水倒入汤锅，以大火煮滚后关火，降温至90℃左右（微滚），再加入柴鱼片，盖上锅盖，浸泡3～5分钟。

4 以小火煮至味噌溶化至汤中，拌一拌，关火后放凉即完成。

3

柴鱼味噌酱、水倒入
汤锅，搅拌均匀，以
中火加热，边煮边拌
至味噌香气散出，再
放入蛤蜊、板豆腐，
轻轻拌匀。

料理 | 味噌蛤蜊汤

🍲 烹调示范	🥄 食用份量	⏱ 烹调时间
王陈哲	**2** 人份	**3** 分钟
🔥 火候控制	**中火**	

材料

水 200g、蛤蜊 50g、板豆腐 100g、青葱 5g

酱汁

柴鱼味噌酱 120g

 Tips

1. 蛤蜊可以换成鱼类、美白菇。
2. 蛤蜊务必浸泡于盐水吐沙，以免烹调后有
   沙子影响整锅汤。

1

取一锅 1000g 水（配
方外），加入 10g 盐
（配方外），拌匀即
为盐水。蛤蜊放入盐
水，待吐沙。

2

板豆腐切小丁；青葱
切末，备用。

4

续煮至滚且蛤蜊壳打
开，关火后盛碗，撒
上葱末即可。

酒酿

主要产地
中国、日本

Fermented Sweet Rice Sauce

小档案

又称为甜酒酿，属于天然发酵调味品。发酵调味品不能缺少的主要原料就是曲，曲来自米类、麦类和豆类等粮食碾磨而成的粉末，然后让酵母菌在其中繁殖而得到成品。曲又分成非常多的种类，例如米曲、麦曲、大豆曲、黑曲和红曲等，可用于酿酒、酿造酱油和醋。酒酿是用蒸熟的糯米接种酒曲，置于温热的环境中发酵数小时，让谷类的淀粉部分糖化后制成的食品，具有发酵糯米香气与酒味，甘甜柔软，带有些微发酵酸味。

使用方法

可与其他调味料拌匀成酱汁或酱料，或是加入食材中一起烹煮，当作调味料使用，更适合做成中式甜汤食用。

保存期限
（未开封）

1 年
YEARS

如何保存

未开封时放置阴凉通风处，避免阳光直射；开封后放置阴凉处或冰箱冷藏，并且尽快使用完毕。

💧 室温	**OK**	❄ 冷藏	**OK**

适合烹调法

炒	煮	蒸
烩	凉拌	

外观

含液体的白色米粒状调味品。

味道

具有天然浓厚的甜味和淡淡的酒香，适合直接食用，或是运用于中式甜汤，例如酒酿汤圆、酒酿水果羹、酒酿蛋、酒酿桂花奶冻。

桂花酒酿

特色

制作酒酿时，单纯将米、水和酒曲一起装到容器中进行发酵，可以清楚地看到颗颗分明的米粒，入口也带着松软口感。

酱汁 | 酒酿桂花酱

🍲 烹调示范	🥄 完成份量	🕐 烹调时间
黄经典	**270** g	**10** 分钟
〰️ 火候控制	中小火→小火	

保存期限	🌡️室温 **NO**	❄️冷藏 **7** 天	❄️冷冻 **6** 个月

材料
水 200g、干燥桂花 1g

调味料
黄砂糖 50g、酒酿 20g

 Tips
1. 酱汁可依照个人需求调整甜度，增减黄砂糖的分量。
2. 黄砂糖焦化目的在于产生香气，所以勿焦化过度，以免产生苦味。

1

取 100g 水、黄砂糖倒入汤锅，以中小火煮至糖溶化，并呈现焦化有香气。

2

加入剩下 100g 水，煮滚后转小火。

3

接着放入干燥桂花，续煮至香味出来，再加入酒酿，拌煮均匀即完成。

255

3 接着加入吉利丁片，搅拌至溶化，装入容器中，放凉。

料理 酒酿桂花奶冻

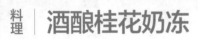

烹调示范	食用份量	烹调时间
黄经典	**2** 人份	**20** 分钟
火候控制	中火	

材料
吉利丁 3 片（6g）、牛奶 300g
调味料
细砂糖 10g
酱汁
酒酿桂花酱 100g

1 吉利丁片泡入冰开水，等待泡至变软，捞起后稍微拧干备用。

4 覆盖一层保鲜膜，再放入冰箱冷藏 4 ~ 6 小时至凝固，取出，淋上酒酿桂花酱即可食用。

2 牛奶倒入汤锅，以中火加热至微温，再加入细砂糖，续煮至糖溶化并且温度90℃左右，关火。

Tips 奶冻液装入容器后，先降温，覆盖好放入冷藏，以维持奶冻表面光滑。

红糟

Red Fermented Rice & Red Fermented Rice Paste

主要产地
中国

外 观

颜色为棕红或紫红色的米粒状调味品。

味 道

具有米曲香气，并带有咸味。

特 色

红糟即红曲，可以为料理增添美味和色泽，可制作红糟肉、红糟饭、红糟鸡、糟鱼等。

小档案

又称为酒糟、红酒糟，是中式料理特有的发酵调味品。红曲酒在发酵制作完成，过滤出酒液后剩下的固形物即是酒糟，其酒精浓度在 20％Vol 左右，是健康美味的天然食品。目前市面上常见的红糟大部分是客家红糟、福州红糟，这两种红糟的最大差别在于腌制方法：客家人在腌肉前，会将肉类先煮熟，等冷却后才放入红糟酱中；而福州式腌制方法为将生的肉类直接浸泡在红糟酱中使其入味。红糟用法广泛，适合的烹调方式有炸、焖、煮、蒸、凉拌、腌制。

使 用 方 法

可与其他调味料拌匀成酱汁或酱料，或是加入食材中一起烹调，当作调味料使用。

保存期限（未开封）　**2** 年　YEARS

如 何 保 存

未开封时放置阴凉通风处，避免阳光直射；开封后放置阴凉处或冰箱冷藏，并且尽快使用完毕。

室温	OK	冷藏	OK

适 合 烹 调 法

炒	炸	烤	煎
卤	凉拌	腌制	

257

1

水、红糖依序放入搅拌盆。

2

并加入细砂糖、米酒、白胡椒粉。

3

用汤匙（或打蛋器）充分搅拌均匀。

酱汁 | 红糖腌酱

🍲 烹调示范	🥄 完成份量	🕐 烹调时间
👤 王陈哲	**300** g	无
💧 火候控制	无	

保存期限	💧室温 **NO**	❄冷藏 **3** 天	❄冷冻 **6** 个月

材料
水 60g

调味料
细砂糖 60g、红糖 140g、米酒
30g、白胡椒粉 10g

  Tips
1. 红糖比较浓稠，用打蛋器更容易拌匀。
2. 酱汁可依照个人喜好调整甜度，增减细砂糖的分量。

料理 | 古早味红糟肉

烹调示范	食用份量	烹调时间
王陈哲	**2** 人份	**6** 分钟
◊◊ 火候控制	中火加热至180℃	

材料

猪五花肉 400g、香菜 1g、地瓜粉 100g

调味料

海山酱 30g

酱汁

红糟腌酱 95g

Tips
1. 油温勿太高，以免把猪肉炸焦。
2. 猪五花肉可以换成猪梅花肉、鸡翅。

3

取出猪五花肉，均匀裹上一层地瓜粉，放置待反潮。

4

准备一锅色拉油，以中火加热至180℃，猪五花肉放入油锅，炸约6分钟至熟，捞起后沥油，放凉。

1

猪五花肉洗净，擦干水分后去皮；香菜切末，备用。

2

猪五花肉放入搅拌盆，加入红糟腌酱，抓拌均匀，腌 10 ~ 20 分钟至入味。

5

猪五花肉切片，盛盘，附上香菜、海山酱即可。

259

鱼露

Fish Sauce

小档案

又称为鱼酱油、虾油，属于越南、泰国、菲律宾以及我国福建料理常见的调味品。以去除内脏、鳞、鳃的鲜鱼和盐为主要原料，将鱼和盐层层叠叠放入大缸中，以竹架或石块压于表面（能避免发酵后流出来的汁液让鱼浮起来），再进行腌制发酵所制成。各地区制作的产品会因原料、配料与制程不同而有所不同。鱼露具有鱼类发酵气味与鲜味，而且咸中带些微甘味，适合作为蘸酱，或是和其他调味料或食材调和后当酱料使用。

使用方法

可与其他调味料拌匀成酱汁或酱料，或是加入食材中一起烹煮，当作调味料使用。

保存期限
（未开封）

3 年
YEARS

如何保存

未开封时放置阴凉通风处，避免阳光直射；开封后放置阴凉处或冰箱冷藏，并且尽快使用完毕。

室温	OK	冷藏	OK

适合烹调法

炒	煮	蒸
凉拌		腌制

外 观

红褐色泽，液态。

特 色

鱼类经微生物发酵而成。本身的味道带腥，但烹调后却变得美味。

味 道

味咸，带腥味和发酵气味。常用在东南亚料理中提鲜，如泰式咖喱、打抛猪、越南春卷、越南河粉都需要用到。

酱汁 | 泰式凉拌酱汁

🍲 烹调示范	🥄 完成份量	🕐 烹调时间
黄经典	**100** g	无
🌊 火候控制	无	

保存期限 💧室温 NO ❄冷藏 2 天 ❄冷冻 NO

材料

柠檬 30g、蒜仁 15g、
辣椒 10g、香菜 10g

调味料

鱼露 15g、细砂糖 30g

Tips

1. 所有辛香料必须切末。

2. 由于此酱汁含许多生鲜食材，所以拌匀后请立即使用，勿存放太久，以维持良好风味。

1

用汤匙绕着柠檬皮取出柠檬汁。

2

蒜仁切末，辣椒切末，香菜切末，备用。

3

柠檬汁、蒜末、辣椒末、香菜末放入搅拌盆，加入鱼露、细砂糖，用汤匙搅拌均匀即可。

261

虾米稍微洗过后沥干，放入锅中，以中小火干炒至香，盛起备用。

青木瓜丝、虾米、泰式凉拌酱汁倒入搅拌盆，搅拌均匀，再加入小番茄拌匀，待15分钟入味。

料理 ｜ 凉拌青木瓜

🍲 烹调示范	🥄 食用份量	🕐 烹调时间
黄经典	**2** 人份	**2** 分钟
〰️ 火候控制	中小火	

材料

圣女小番茄 15g、青木瓜 200g、虾米 5g、原味花生碎 10g

调味料

盐 5g

酱汁

泰式凉拌酱汁 100g

Tips

1. 加入适量花生碎，可以提升口感。
2. 青木瓜丝加盐后，如果觉得太咸，可以用冷开水稍微洗净，以免制作完成后的成品太咸。

圣女小番茄切半；青木瓜去皮后切丝，加入盐，搅拌均匀。

盛盘，撒上原味花生碎即可食用。

虾酱

Shrimp Paste

主要产地
东南亚国家、韩国、中国

小档案

虾酱是东南亚料理的重要调味料。它是以虾膏为主要原料，制作时先将虾膏以干锅炒香，再加入其他配料如葱头、蒜头、鱼露等煮成虾酱。虾膏是以幼虾为主要原料，盐制后曝晒，再捣成泥膏状而成。所以虾酱、虾膏两者在定义上不同。但是目前市面上销售的虾膏产品，皆有虾酱或虾膏的品名。适合与其他调味料或食材调和成酱料，亦可以烹调虾酱炒空心菜、虾酱四季豆等。

使用方法

与其他调味料拌匀成酱汁或酱料，或是加入食材中烹煮，当作调味料使用。

外观

虾酱为深黯咖啡色，与之相近的虾膏为紫红色，皆为浓稠膏状。

特色

虾酱的主要原料之一是虾膏，经过二次加工及调味而成，可以直接当调味料烹调。

幼滑蝦醬
FINE SHRIMP
SAUCE

保存期限（未开封） **3** 年 YEARS

如何保存

未开封时放置阴凉通风处，避免阳光直射；开封后放置阴凉处或冰箱冷藏，并且尽快使用完毕。

室温 **OK**　　冷藏 **OK**

味道

有浓郁的虾子发酵气味，咸中带鲜。

适合烹调法

| 炒 | 煮 | 烧 |
| 凉拌 | 腌制 |

1

中姜、红葱头分别去皮后切末；蒜仁、辣椒分别切末，备用。

3

姜末、红葱头末、蒜末、辣椒末放入搅拌盆，加入虾酱，搅拌均匀。

酱汁 | 暹罗虾酱

🍲 烹调示范	🥄 完成份量	🕐 烹调时间
黄经典	**110** g	无
〇〇 火候控制	无	

保存期限　🔥室温 **NO**　❄冷藏 **3** 天　❅冷冻 **NO**

材 料

中姜 10g、蒜仁 10g、红葱头 10g、辣椒 10g、柠檬 30g

调 味 料

虾酱 20g、鱼露 20g、椰糖 15g

2

用汤匙绕着柠檬皮取出柠檬汁约15g。

4

再加入鱼露、椰糖、柠檬汁，充分拌匀即完成。

Tips

1. 可以依个人喜好调整酸度，增减柠檬汁的分量。

2. 此酱味道非常浓郁，保存时务必密封好，以免气味散发出来而影响整个冰箱的其他食材。

1

四季豆切 4cm 小段；
小番茄切半；洋葱去
皮后切丝，备用。

2

小黄瓜切滚刀块，泡
入冰水冰镇备用。

3

四季豆放入滚水，以
大火煮熟，再放入冰
水冰镇，备用。

4

小黄瓜、四季豆沥干
水分，盛盘，放上小
番茄、洋葱丝，淋上
暹罗虾酱即完成。

料理 | **暹罗虾酱沙拉**

🍲 烹调示范	🥄 食用份量	🕐 烹调时间
👨 黄经典	**2** 人份	**20** 分钟
♨ 火候控制	**大火**	

材料

四季豆 60g、圣女小番茄 60g、
洋葱 30g、小黄瓜 60g

酱汁

暹罗虾酱 55g

Tips
1. 蔬菜泡入冰水冰镇，可以保持冰凉及鲜脆度。
2. 泡凉的蔬菜务必沥干水分，才不会因为水分而影响成
　 品风味。

Mixing Seasoning

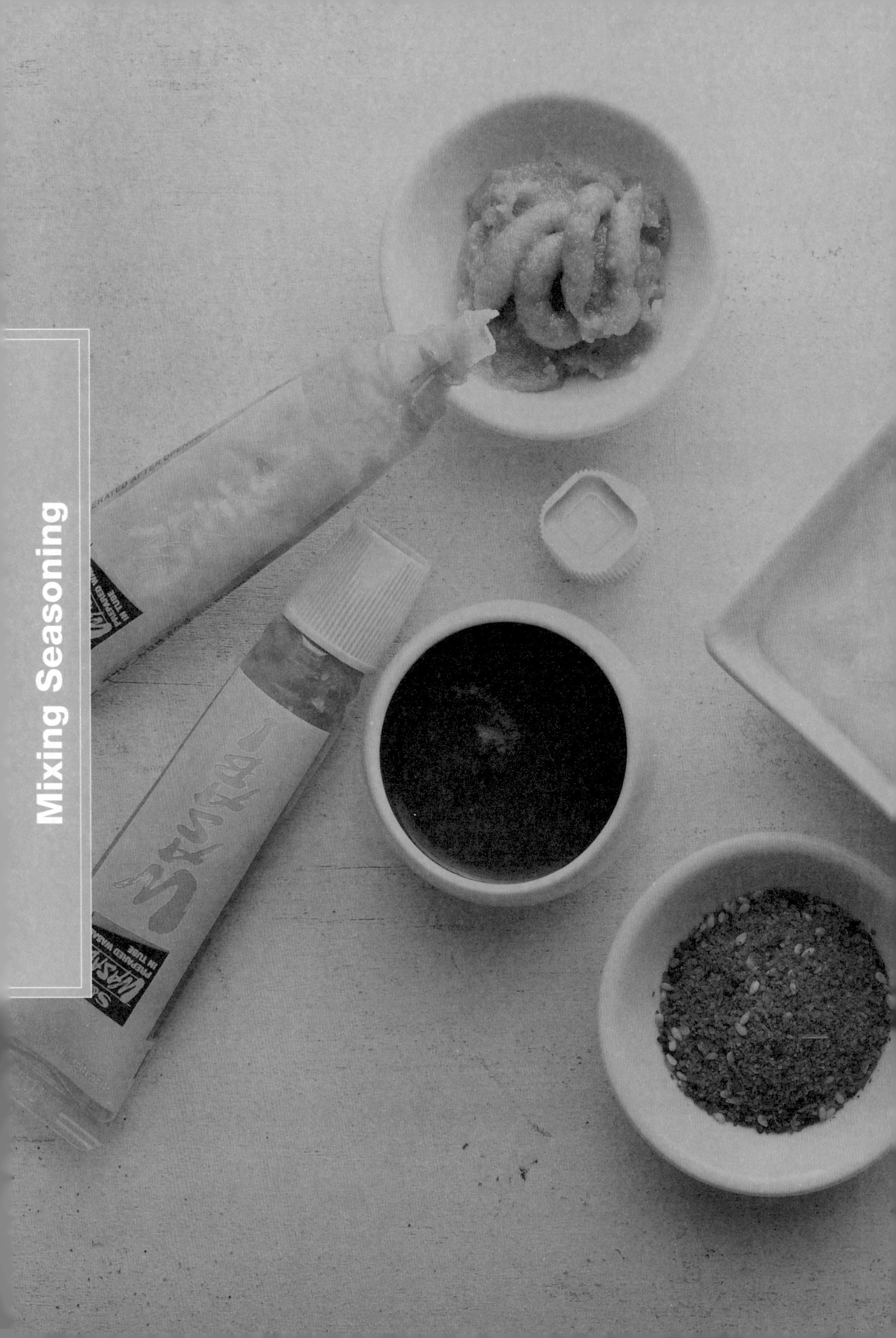

Part ———— **3**

调 和
调 味 料

调和调味料指的是用多种不同类型的调味料组合加工而成的调味料，常见有番茄酱、沙茶酱、芝麻酱、美乃滋、芥末酱、五香粉、韩式辣椒酱等，能赋予食物特殊香气。

调和调味料种类和保存

将不同基本调味料、发酵调味料或中药材香料组合加工成能赋予食物特殊风味、口感、香气的调味料，即称为调和调味料，可用于多种烹调方式。

番茄酱

又称为茄汁，番茄酱是新鲜熟透番茄的酱状浓缩制品，依照品种不同而呈现鲜红色到暗红色的浓稠酱料，并且具备番茄风味，适合作为菜肴调味，也可以用于沙拉酱汁。番茄含有茄红素，属于植化素中类胡萝卜素的一种，只要是红色、橙色的新鲜蔬果，都含有茄红素，而且颜色越红表示茄红素越多。

番茄糊

又称为番茄膏，以新鲜熟透的番茄为主要原料，将其去除外皮与籽后浓缩，并加入盐一起制成，呈膏状，充满浓郁的番茄香气与风味。适合制作酱汁、加入菜肴以及给汤品调味，例如做意大利面、番茄蔬菜汤、番茄牛肉汤、红酱等。

〔 **番茄酱、番茄糊** 的选购&保存 〕

选购方式	保存方式
· 选购时注意保存期限，应未被超过或接近。 · 外包装应完整、无破损。包装方式有塑料袋装、易拉罐装、塑料瓶装、玻璃罐装。 · 内容物颜色均匀、无杂质或其他杂色。	· 未开封：番茄酱、番茄糊保存期限一般为两年，放置阴凉通风处保存。 · 开封后：打开使用后，保存期限会缩短，建议尽快在变质或发霉前使用完毕；收纳时要盖紧封好，放在阴凉通风处，或是放冰箱冷藏更佳，且避免混入其他物质或受潮。 · 开封后的易拉罐番茄酱、番茄糊若要冷冻，可以分装出每次需要的量，放入夹链袋后铺平冷冻，方便之后取用。 · 若盒盖不见了，可以用保鲜膜覆盖密封，一样放置于阴凉通风处。

塑料袋装者可以在袋角剪一个开口（足够小汤匙放进去即可），取用完毕后，再用橡皮筋绑好袋口，一样放置阴凉通风处。亦可接着放入密封罐，更能避免受潮。

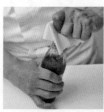   

使用后的番茄罐，番茄酱很容易沾附于瓶口或瓶身，可以用厚纸巾擦拭干净，以避免外部接触到空气而变质的酱料垢影响到内部整罐番茄酱的风味。

番茄糊易拉罐打开后，直接放入冰箱冷冻容易结霜，此举不可为。

开封后的番茄酱、番茄糊易拉罐千万不能整罐冷冻，可以分装后铺平再冷冻。

Point C

芝麻酱

又称为麻酱、麻汁，主要成分为芝麻，由炒熟的芝麻研磨后制成，制作过程中也产生了香油（白芝麻油），香油会覆盖在芝麻酱表面，从而隔绝空气，使芝麻酱不易变质。芝麻有黑、白两种颜色，因此芝麻酱也有黑、白两种，制作完成的白芝麻酱呈黄褐色，黑芝麻酱呈黑色。

Point D

海山酱

海山酱是台湾小吃很喜欢用的一种蘸酱，其用途相当广泛，肉圆、蚵仔煎、甜不辣、阿给(油豆腐)、筒仔米糕等台湾小吃只有淋些海山酱一起食用，才会觉得吃到正宗的台湾味道。海山酱的主要材料为辣椒、糖、盐、糯米粉，还多放了味噌和番茄酱一起调匀，呈现红褐色的液体状，甜度比较高，具有发酵米香味，口感浓厚香醇，适合直接加于做好的食物中，或是在烹煮中用于调味，也可与其他调味料调匀成酱料。

沙茶酱

沙茶酱主要原料为花生经过炸酥后磨碎成的花生酱，各厂家再依不同需求加入油、盐、蒜头、红葱头、白芝麻、虾米或鱼干等材料熬制而成，呈深褐色的泥状，含较多油脂。后来也有素食者食用的素沙茶酱，用燕麦、小麦加酱油等制成，风味淡雅；亦有满足嗜辣者的麻辣沙茶酱。

[**芝麻酱、海山酱、沙茶酱** 的选购&保存]

选购方式	保存方式
· 选购时注意保存期限，应未被超过或接近。 · 外包装应完整、无破损。包装方式有易拉罐装、塑料瓶装、玻璃罐装。 · 内容物颜色应均匀，无其他杂色或杂质。	· 未开封：芝麻酱的保存期限大部分为 1 年，海山酱的保存期限为 2 年，沙茶酱的保存期限为 3 年，放置阴凉通风处保存即可。 · 开封后：打开使用后，保存期限会缩短，建议尽快在变质或发霉前使用完毕；收纳时要盖紧封好，可以放在阴凉通风处，放冰箱冷藏更佳，且避免混入其他物质或受潮。 · 若盒盖丢失，可以用保鲜膜密封，一样放置于阴凉通风处。

若易拉罐盖子不见了，罐口可以用保鲜膜包覆严实。

美乃滋

台式美乃滋又称为色拉酱、蛋黄酱，属于半固体的调味酱，主要原料是全蛋或是蛋黄，再加入植物油，通过打发蛋黄让蛋黄中的卵磷脂乳化植物油而制成，同时具有咸味、甜味、酸味，口感温顺，是西式开胃菜沙拉不可缺少的酱汁，更是凤梨虾球的最佳搭档。还有一款丘比美乃滋深受欢迎，它是日式美乃滋，配方与台式美乃滋相似，差别在于比台式美乃滋少一点点甜，而咸味更多，丘比美乃滋在日本是厨房必备的调味料，适合制作日式炒面、章鱼烧、大阪烧等。

〔 美乃滋 的选购&保存 〕

选购方式	保存方式
• 选购时注意保存期限，应未被超过或接近。 • 外包装应完整、无破损。包装方式有塑料袋装、塑料盒装、塑料瓶装。 • 内容物颜色均匀，无杂色或其他杂质。	• 未开封：保存期限大部分为 1 年，放置阴凉通风处保存即可。 • 开封后：打开使用后，保存期限会缩短，建议尽快在变质或发霉前使用完毕；收纳时须盖紧封好，可以放在阴凉通风处，放冰箱冷藏更佳，且避免混入其他物质或受潮。 • 若盒盖丢失，可以用保鲜膜密封，一样放置于阴凉通风处。 • 塑料袋装者可以在袋角剪一个适合的小洞，取用后，再用橡皮筋绑好袋口，放置阴凉通风处保存。

没有用完的袋装美乃滋，可以装入另一个塑料袋后绑紧，再冷藏。

若塑料瓶盖子不见了，瓶口可以用保鲜膜包覆严实。

Point G

芥末酱

全球各地有各种风味和颜色的芥末酱，有呛辣的日式山葵酱，带点酸味、不辣的法式芥末酱，偏酸的美式芥末酱……这些芥末酱适合当料理的佐酱，或是和其他调味食材拌一拌成为酱料或抹酱。

① 日式山葵酱

又称为日式青芥辣酱，有翠绿色泥状、粉状、膏状三种。新鲜现磨的山葵泥非常香，辣味反而没有已装瓶的山葵酱呛辣，适合各种料理的调味，或是作炸物、生鱼片佐酱，作腌制料等。

② 法式芥末酱

又称为第戎芥末酱，主要原料是第戎地区的芥末籽，研磨后加入水、醋等调制而成，外观呈黄褐色膏状，酸度比较高，适合作为牛排佐酱或沙拉酱汁。法式芥末酱因为调配原料不同所以风味也不同，味道不同山葵酱般呛辣。

③ 美式芥末酱

主要原料有芥末籽、水、盐、辣椒粉、姜黄粉、醋等，呈黄色的半固体状，辣度比较高，适合各种料理的调味，美国代表性食物热狗，大部分是搭配美式芥末酱一起食用。

〔 **芥末酱** 的选购＆保存 〕

选购方式	保存方式
· 选购时注意保存期限，应未被超过或接近。 · 外包装应完整、无破损。一般芥末酱的包装有塑料盒装、塑料瓶装、玻璃罐装、易拉罐装。 · 内容物的颜色均匀，无杂色或其他杂质，以及无结块。 · 若是易拉罐装，则确认外观无变形、破损、锈蚀。	· 未开封：芥末酱的保存期限大部分为1年，放置阴凉通风处即可。 · 开封后：打开使用后，保存期限会缩短，建议尽快在变质或发霉前使用完毕；收纳时须盖紧封好，可以放在阴凉通风处，或是放冰箱冷藏更佳，且避免混入其他物质或受潮。 · 若盒盖丢失，可以用保鲜膜密封，一样放置于阴凉通风处。

若塑料瓶盖子不见
了，瓶口可以用保
鲜膜包覆严实。

若罐装盒盖子不见
了，罐口可以用保
鲜膜包覆严实。

咖喱

咖喱起源于南亚（在印度、巴基斯坦、孟加拉国、尼泊尔、阿富汗、斯里兰卡、不丹、马尔代夫饮食中常见），最早在印度出现，特点是包含多种辛香料，通常以姜黄粉、辣椒组合而成。许多咖喱没有使用咖喱叶做成料理，是因为咖喱叶会辣。咖喱常应用在传统美食中，每一道菜肴所选择的香料代表一个国家或地区的文化、宗教习俗的习惯，并在程度上各有偏好，让调味和烹饪方式有些差异。

① 咖喱粉

咖喱粉由多种辛香料调制而成，包含丁香、小茴香籽、芫荽子、芥末籽、辣椒等。以颜色来区分有棕、红、青、黄、白等的，风味也因为配料比例的不同而不同，所以可以制作不同风味的料理，其中青咖喱最辣，印度咖喱味道辣而浓郁。使用方式为直接加于食物中烹煮，或是与其他调味料调匀为酱料。

② 咖喱块

最具代表性的是日本咖喱块，日本人为了提高方便性，想到了这种可以大规模生产的产品形式。味道虽然不像印度咖喱那样千变万化，但烹调时可以节省时间，只要稍微加热，淋在米饭上即可食用，口味不辣，因为加入浓缩果泥，所以具有甜味。

③ 泰式红咖喱

泰式红咖喱以柠檬叶、香茅、南姜、红葱头、洋葱、大蒜、甲猜根（类似姜的辛香料，味道比较柔和）、去籽红辣椒等调制而成，形成迷人的香气。除了红咖喱，泰式咖喱常见的还有黄咖喱、绿咖喱：红咖喱是加入了新鲜红辣椒和红色干辣椒，让颜色变成红色；黄咖喱加入了姜黄，让颜色呈现黄色；绿咖喱则加入了香菜根和新鲜绿色辣椒，让颜色变成绿色。

调和调味料

[咖喱 的选购&保存]

选购方式	保存方式
・选购时注意保存期限，应未被超过或接近。 ・外包装应完整、无破损。咖喱粉、咖喱块的包装有塑料袋装、塑料盒装、玻璃罐装。泰式红咖喱的包装有塑料袋装、塑料盒装、玻璃罐装。 ・塑料盒装的咖喱块，摇动盒子的时候不会听到粉末声，表示内容物干燥，为佳。 ・玻璃罐装的咖喱粉，由外观可以清楚看到内容物颜色均匀、无杂色或其他杂质，无受潮结块，摇动时为松散状。	・未开封：咖喱粉、咖喱块的保存期限大部分为两年，泰式红咖喱的保存期限大部分为 18 个月，放置阴凉通风处即可。 ・开封后：打开使用后，保存期限会缩短，建议尽快在变质或发霉前使用完毕；收纳时要盖紧封好，可以放在阴凉通风处，或是放冰箱冷藏更佳，且避免混入其他物质或受潮。 ・若盒盖不见了，可以用保鲜膜包覆开口，一样放置于阴凉通风处。

若罐装盖子不见了，罐口可以用保鲜膜包覆严实。

袋装产品取用后，将袋口折好，再用保鲜膜包覆严实即可。

Point 1

五香粉

五香粉由超过 5 种香料混合而成，其中主要的有丁香、肉桂、八角、花椒、茴香等，各种配料研磨成粉后混合成五香粉，其香气浓郁且独特，带点微辣，是中式料理经常会用到的调味料。

七味辣椒粉

又称为七味唐辛子、七色唐辛子、七种唐辛子，外观呈暗红色的均匀粉状或细小颗粒。主要原料为辣椒，其他材料包含陈皮、芝麻、花椒、火麻仁、紫苏、青海苔，将这七种配料研磨成粉状后混合，香气浓郁且丰富，味道微辣。在日本当地是餐桌上常见的调味料，可运用于日式盖饭、荞麦面、乌龙面、火锅、温泉蛋、炸物、烤物、凉拌菜、腌制食品等。

〔 五香粉、七味辣椒粉 的选购＆保存 〕

选购方式	保存方式
· 选购时注意保存期限，应未被超过或接近。 · 外包装应完整、无破损。五香粉、七味辣椒粉的包装方式有夹链袋装、普通塑料袋装、玻璃瓶装。 · 内容物以颜色均匀，无杂色或其他杂质为宜。 · 摇动玻璃罐时，可以看到粉末松散，且听到沙沙声响。	· 未开封：保存期限大部分为两年，放置阴凉干燥处。 · 开封后：收纳时，将开口封好，放在阴凉通风处保存，则可以延续原来的保存期限，但需要避免混入其他物质或受潮，以避免变质与发霉。 · 瓶装产品开封后若盖子不见了，可以用保鲜膜完整封口，然后放置阴凉通风处。 · 普通塑料袋装打开后，可以将袋口用夹子夹紧或用橡皮筋绑紧；夹链袋包装的使用更方便，本次用完将袋口捏合即可密封，然后放置阴凉通风处。

市售品有夹链袋包装设计，保存更方便，使用后将袋口密合即可。

伍斯特酱

又称为辣酱油、辣醋酱油、英国黑醋、伍斯特沙司，是英国料理最常使用的调味料之一。其材料包含洋葱、蒜、芹菜、辣根、生姜、胡椒、白醋、糖、盐等，经由熬煮过滤制成，呈黑褐色液态，具酸味、辣味。适合各种料理的调味、做腌制料、用于调酒。

辣椒汁

辣椒汁的主要成分为墨西哥塔巴斯科（TABASCO）辣椒（变种小米辣椒），也是墨西哥塔巴斯科州日常料理中最常使用的调味料，配料还包括岛上独有的矿物盐和天然白醋，经由捣碎、发酵、混和、压榨、装瓶、密封而成。又称为TABASCO辣椒酱、TABASCO辣椒汁、TABASCO辣椒调味酱。色泽为鲜红色，随着放置时间增长颜色会逐渐加深，液态，辣度比较高。适合各种料理的调味，或是直接淋于食物上增加风味，亦可当腌制料及用于调酒。

〔 **伍斯特酱、辣椒汁** 的选购&保存 〕

选购方式	保存方式
· 选购时注意保存期限，应未被超过或接近。 · 外包装应完整、无破损。包装方式有塑料瓶装、玻璃瓶装。 · 内容物颜色均匀，无杂色或其他杂质。	未开封：伍斯特酱的保存期限大部分为3年，辣椒汁的保存期限通常为2年，放置阴凉通风处即可。 开封后：打开使用后，保存期会缩短。收纳时要盖紧封好，可以放在阴凉通风处，或是放冰箱冷藏更佳，避免混入其他物质或受潮。注意尽快在变质或发霉前使用完毕。 若瓶盖不见了，可以用保鲜膜完整封口，一样放置于阴凉通风处。

若瓶装盖子不见了，瓶口可以用保鲜膜包裹严实。

韩式辣椒酱

韩式辣椒酱为韩国特色酱料，是韩国当地餐桌上常见的蘸酱，辣中带些甘甜和咸味。外观呈现暗红色的浓稠膏状，主要成分为红辣椒粉、糯米淀粉、糖、盐、蒜、洋葱、麦芽、酵母菌等，经过发酵而制成。经常用作烤肉的蘸酱，或在烹调洋葱时调味，也是广受欢迎的韩式炸鸡、韩式辣炒年糕、韩国泡菜中不可少的调味料。

〔 韩式辣椒酱 的选购&保存 〕

选购方式	保存方式
选购时注意保存期限，应未被超过或接近。 外包装应完整、无破损。韩式辣椒酱的包装方式有塑料袋装、塑料盒装。 内容物颜色均匀，无杂色或其他杂质，以及无结块。	未开封：保存期限大部分为两年，放置阴凉通风处即可。 开封后：打开使用后，保存期限会缩短，建议尽快在变质或发霉前使用完毕。收纳时要盖紧封好，可以放在阴凉通风处，或是放冰箱冷藏更佳，且避免混入其他物质或受潮。 若盒盖不见了，可以用保鲜膜完整封口，一样放置于阴凉通风处。

调和调味料

数种调味酱可以放入收纳盒中保存，取用时更为方便。

番茄酱

Ketchup

小档案

又称为茄汁，是新鲜熟透番茄的酱状浓缩制品，颜色因品种不同而呈现鲜红色到暗红色，番茄味浓郁，适合用于菜肴调味，也可以用于制作沙拉酱汁，是厨房常用的调味品。番茄酱中含有丰富的番茄红素，此外还含有丰富的维生素 B 群、膳食纤维、矿物质、蛋白质及天然果胶等。番茄在加热后，会释放更多的番茄红素，并且番茄红素在和脂肪混合后，更容易被人体吸收和利用。番茄酱广受大众喜爱与使用，不论制作西餐的千岛酱汁，披萨和汉堡的抹酱，还是日式蛋包饭的淋酱，还是在中式的糖醋排骨、咕咾肉中调味，番茄酱都能让菜肴具有画龙点睛的效果。

使用方法

与其他调味料拌匀成酱汁或酱料，或是加入食材中烹煮，当作调味料使用。

保存期限
（未开封）

2 年
YEARS

如何保存

未开封时放置阴凉通风处，避免阳光直射；开封后放置阴凉处或冰箱冷藏，并且尽快使用完毕。

💧 室温	**OK**	❄ 冷藏	**OK**

适合烹调法

炒	煮	烧	焖
烩	蘸酱	凉拌	

外 观

稍微浓稠的膏状，颜色为橘色、暗红色，色泽会随时间增长而加深。

特 色

番茄富含茄红素，茄红素属于植化素中类胡萝卜素的一种，只要是红色、橙色的新鲜蔬果，都含有茄红素，而且颜色越红，表示茄红素越多。

味 道

具有酸味，微咸、甜。

水、细砂糖、酱油、
番茄酱倒入汤锅。

用汤匙（或打蛋器）
充分搅拌均匀。

酱汁 | 糖醋酱

🍲 烹调示范	🥄 完成份量	🕐 烹调时间
王陈哲	**320** g	**3** 分钟
🔥 火候控制	小火	

保存期限 🌡️室温 **NO** ❄️冷藏 **7** 天 ❄️冷冻 **6** 个月

以小火加热，边煮边
拌至细砂糖溶化，关
火后放凉。

材料

水 90g

调味料

细砂糖 60g、酱油 30g、
番茄酱 80g、白醋 60g

Tips

1. 白醋不宜煮沸，否则其特性物质会挥发，而影响酱汁
口感。

2. 可依照个人需求调整酸度和甜度，增减白醋、细砂糖
的分量。

再加入白醋，搅拌均
匀即完成。

料理 | 糖醋排骨

🍲 烹调示范	🥄 食用份量	🕐 烹调时间
王陈哲	**2** 人份	**8** 分钟
🔥 火候控制	中火加热至180℃→小火→中火	

材料

猪排骨 400g、洋葱 20g、黄甜椒 20g、红甜椒 20g、
蒜仁 5g、香菜 2g、地瓜粉 100g

调味料

酱油 15g、细砂糖 5g、米酒 15g、白胡椒粉 2g、色拉油 10g

酱汁

糖醋酱 160g

Tips 1.洋葱、黄甜椒、红甜椒切割的大小需要一致，料理才
会美观。

1

猪排骨放入搅拌盆，
加入酱油、细砂糖、
米酒、白胡椒粉，抓
拌均匀，腌制10分
钟待入味。

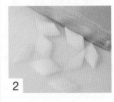

2

洋葱去皮后，切成菱
形片备用。

下页

3
黄甜椒切菱形片；红甜椒切菱形片；蒜仁切末，备用。

5
以中火加热一锅色拉油（份量外）至180℃，猪排骨放入油锅，炸6分钟至熟，捞起后沥油。

7
以小火热锅，倒入色拉油、蒜末，炒至香味出来，再加入糖醋酱炒匀。

8
接着放入猪排骨、洋葱、黄甜椒、红甜椒，转中火，拌炒至所有食材均匀沾裹糖醋酱，盛盘，用香菜点缀即可。

4
取入味的猪排骨，沾裹一层地瓜粉，放置几分钟待返潮。

6
洋葱、黄甜椒、红甜椒一起放入加热完成的180℃油锅，过油炸10秒钟，捞起后沥油。

 Tips

2. 猪排骨可以换成猪里脊肉、鸡柳。
3. 猪排骨裹上地瓜粉后，先放置几分钟，待地瓜粉完全被猪排骨吸收（会看到稍微透明可见排骨），再入锅油炸，能让炸好的猪排骨更香、更入味。

调和调味料

料理 | 糖醋里脊

烹调示范	食用份量
王陈哲	**2** 人份

材料
猪里脊肉 400g、洋葱 20g、青椒 20g、凤梨 20g、蒜仁 5g、香菜 2g、地瓜粉 20g

调味料
酱油 15g、细砂糖 5g、米酒 15g、白胡椒粉 2g、色拉油 10g

酱汁
糖醋酱 160g

做法
1 猪里脊肉放入搅拌盆，加入酱油、细砂糖、米酒、白胡椒粉抓拌均匀，腌制10分钟待入味。
2 洋葱去皮后，切成菱形片；青椒切菱形片；凤梨切片；蒜仁切末；香菜切小段，备用。
3 将入味的猪里脊肉沾裹一层地瓜粉，放置几分钟待返潮备用。
4 以中火加热一锅色拉油（配方外）至180℃，猪里脊肉放入油锅，炸6分钟至熟，捞起后沥油；洋葱、青椒、凤梨一起放入180℃油锅，过油炸10秒钟，捞起后沥油，备用。
5 以小火热锅，倒入色拉油、蒜末炒至香味散出，再加入糖醋酱炒匀，接着放入猪里脊肉、洋葱、青椒、凤梨，转中火拌炒至所有食物沾裹到糖醋酱，盛盘，用香菜点缀即可。

番茄糊

Tomoto Paste

小档案

又称为番茄膏，以新鲜熟透的番茄为主要原料浓缩，并加入盐一起制成，为去除外皮与籽的膏状调味料，充满浓郁的番茄香气与风味。番茄糊为意大利料理经常使用的调味料之一，适合制作酱汁、菜肴或给汤品调味。经常被大众混淆不清的番茄糊、番茄酱，两者在外观与风味上其实差异相当大。和番茄酱相比，番茄糊的味道更为浓郁，适合用于炖煮类料理，可以提升浓郁度。炖煮咖喱或烩饭时，可将番茄膏或蔬菜与肉类一起炒过后炖煮，甜味与鲜味会自然释出，让成品美味更佳；也因为番茄糊具有浓郁甜味，所以可当作馅料用在面包、甜点中。

使用方法

与其他调味料拌匀成酱汁或酱料，或是加入食材中烹煮，当作调味料使用。

保存期限
（未开封）

2 年 YEARS

如何保存

未开封时放置阴凉通风处，避免阳光直射；开封后放置阴凉处或放冰箱冷藏，并且尽快使用完毕。

💧		❄	
室温	**OK**	冷藏	**OK**

适合烹调法		
炒	煮	炖
烩	蘸酱	凉拌

外 观

稍微浓稠的糊状，颜色为暗红色，色泽会随时间增长而加深。

特 色

使用完全熟透的红番茄制成，适合烹调料理、做蘸酱，例如用于做意大利面、番茄蔬菜汤、番茄牛肉汤、红酱等。

Kagome

可果美蕃茄糊

TOMATO PASTE

味 道

微咸、甜，并具有酸味。

酱汁 | 意大利肉酱

🍳 烹调示范	✏️ 完成份量	🕐 烹调时间
黄经典	**430** g	**15** 分钟
〰️ 火候控制	小火→中火	

| 保存期限 | 💧室温 **NO** | ❄️冷藏 **5** 天 | ❄️冷冻 **6** 个月 |

材料

蒜仁 20g、洋葱 20g、红萝卜 20g、
西洋芹 20g、整粒番茄罐头 150g、
猪绞肉 100g、鸡骨高汤 100g（第 25 页）

调味料

干燥月桂叶 1g、干燥奥立冈 1g、
番茄糊罐头 30g、冷压初榨橄榄油 15g、
白酒 15g、盐 10g、黑胡椒碎 1g

Tips
1. 整粒番茄可以用等重牛番茄替换。
2. 前面拌炒阶段锅底比较容易烧焦，所以火候不宜用大火。

1

蒜仁切末；洋葱去皮后切末；红萝卜去皮后切细丁；西洋芹切细丁；整粒番茄放入果汁机，搅打成泥状，备用。

2

以小火热锅，加入橄榄油、月桂叶，炒香，再放入猪绞肉，炒至变白，接着加入蒜末、洋葱末，炒香。

3

再加入番茄糊炒匀，倒入白酒煮滚，加入红萝卜、西洋芹、番茄泥、奥立冈，炒匀。

4

倒入高汤，转中火煮滚，加入盐、黑胡椒碎调味拌匀即完成。

283

料理 | 意大利肉酱披萨

🍲 烹调示范	🥄 食用份量	🕐 烹调时间
黄经典	**4** 人份	**10** 分钟
🔥 火候控制	烤箱240℃	

材料

高筋面粉 125g、速溶酵母粉 3g、水 50g、
起司丝 60g、黑橄榄 10g

调味料

盐 1g、冷压初榨橄榄油 10g

酱汁

意大利肉酱 115g

1

高筋面粉、盐、速溶
酵母粉、水放入搅拌
盆。

Tips 1. 醒面、发酵面团时，请置于 25 ~ 35℃室温为宜。

下页

2 慢慢将粉类、水向内混合，并且用手拌揉均匀成团。

3 再倒入冷压初榨橄榄油，继续拌揉呈光滑面团，收口捏好并朝下，稍微滚圆后放入搅拌盆。

4 盖上一层保鲜膜（或干净湿布），放置室温醒面 15 ～ 20 分钟备用。

5 取出面团，稍微拍扁并拍出空气，擀成厚度 0.5cm 的 10 寸圆形，盖上一层保鲜膜（或干净湿布），再次发酵 5 ～ 8 分钟。

6 黑橄榄切成小圈。将面皮小心移入烤盘，均匀抹上意大利肉酱。

7 均匀撒上起司丝，再围上一圈黑橄榄。

8 放入以 240℃预热好的烤箱，烘烤约 10 分钟至熟且起司丝熔化，取出后切成需要的等份即可。

 Tips
2. 面团覆盖一层保鲜膜或湿布，可以防止面皮干裂结皮。
3. 面团醒面目的是松弛筋性，以方便后续将面皮擀开。若擀面皮时，筋性依然比较高、不易擀开，再放置 5 ～ 10 分钟醒面即可。

调和调味料

芝麻酱

Sesame Paste

小档案

又称为麻酱、麻汁，主要成分为芝麻，由炒熟的芝麻研磨后制成，制作过程中也产生了香油（白芝麻油），香油会覆盖在芝麻酱表面从而隔绝空气，让芝麻酱不易变质。因使用芝麻的颜色不同，会产生白芝麻酱、黑芝麻酱两种。芝麻酱是调味料，亦可调制成凉拌菜淋酱，或是作为火锅的调味酱汁，或用于制作甜点内馅。芝麻酱是补充蛋白质来源之一，其蛋白质含量高于鸡蛋、瘦牛肉，而且含铁质高，是营养价值高的调味品。

使用方法

可与其他调味料拌匀成酱汁或酱料，或是加入食材中烹煮，当作调味料使用；亦可加入面糊或面团中烘焙。

保存期限
（未开封）

1 年
YEARS

如何保存

未开封时放置阴凉通风处，避免阳光直射；开封后放置阴凉处或冰箱冷藏，并且尽快使用完毕。

室温 **OK**　冷藏 **OK**

适合烹调法

炒　炸　煮

蘸酱　凉拌

外 观

制作完成的芝麻酱带点稠。白芝麻酱呈黄褐色，黑芝麻酱呈黑色。

特 色

芝麻酱脂肪含量、热量较高，所以请适量食用，每天食用 10 克左右为宜。

味 道

具有浓郁的芝麻香气，口感绵密且滑顺。

1

用汤匙绕着柠檬皮取出柠檬汁5g。

2

芝麻酱放入搅拌盆，加入葱香油，拌匀，再倒入冷开水拌匀。

3

加入花生酱、盐、细砂糖，用打蛋器搅拌至糖完全溶解。

4

最后倒入柠檬汁，拌匀即完成。

酱汁 ┃ 香柠芝麻酱

🍳 烹调示范	🥄 完成份量	🕐 烹调时间
👨 黄经典	**135** g	无
〰️ 火候控制	无	

保存期限　🏠 室温 **NO**　❄️ 冷藏 **3** 天　❄️ 冷冻 **NO**

材 料

冷开水 60g、花生酱 10g、柠檬 25g

调 味 料

芝麻酱 20g、葱香油 10g（第 90 页）、盐 3g、细砂糖 10g

Tips

1. 冷开水可以分次加，调整到适当的稠度，不要太稀也勿太浓稠。

2. 芝麻酱为油脂性酱料，以葱香油先调开，才利于后续制作。若一开始以冷开水直接调芝麻酱，则容易凝结成块且不易调开。

料理 | **香柠酱鸡丝拉皮**

🍳 烹调示范	🥄 食用份量	🕐 烹调时间
黄经典	**2** 人份	**15** 分钟
♨♨ 火候控制	小火→中火	

材料

鸡胸肉 60g、粉皮 120g、小黄瓜 30g、原味花生碎 3g

酱汁

香柠芝麻酱 50g

1

鸡胸肉放入滚水,转小火煮约 15 分钟至肉熟。

2

捞起鸡胸肉并沥干水分,放凉后剥成丝。

 Tips

1. 粉皮烫软后要尽快制作,以免粘在一起。

下页

3 粉皮放入另一个有滚水的汤锅，以中火煮软，捞起后沥干，并泡入冷开水冰镇。

5 粉皮铺平于熟食砧板，铺上适量小黄瓜丝、鸡肉丝。

8 粉皮卷切小段，排入盘中，撒上原味花生碎即可食用。

7 小心地慢慢卷成圆柱状。

4 小黄瓜切丝，用冷开水冰镇备用。

6 均匀淋上适量香柠芝麻酱。

 Tips

2. 粉皮很容易破，所以包卷的时候，动作轻柔为宜。

3. 包卷的内馅可以依个人喜好变化，例如：西洋芹丝、红萝卜丝等。

调和调味料

料理 | 柠檬芝麻酱冷面

🍳 烹调示范	🥄 食用份量
黄经典	**2** 人份

材料

小黄瓜 60g、红萝卜 60g、
洋葱 60g、蒜仁 20g、青葱 20g、
水 500g、乌龙面 300g

调味料

盐 5g

酱汁

香柠芝麻酱 50g

做法

1 小黄瓜切丝，红萝卜、洋葱去皮后切丝，这三种蔬菜分别泡入冰开水中冰镇，备用。

2 蒜仁、青葱分别切末，备用。

3 汤锅内加入水、盐，以大火煮滚，再加入乌龙面，煮至面软，捞起后沥干，盛盘。

4 香柠芝麻酱和蒜末、葱末拌匀，淋在乌龙面上，铺上沥干的小黄瓜丝、红萝卜丝、洋葱丝即可。

美乃滋

Mayonnaise

小档案

美乃滋有台式和日式之分，这里指的是台式美乃滋，又称为沙拉酱、蛋黄酱，半固体状。其主要原料是全蛋或者蛋黄，加入植物油，通过打发让蛋黄中的卵磷脂乳化植物油而成，可以搭配细砂糖、水、白醋、盐等一起拌匀乳化，让风味更加美味且层次丰富。制作美乃滋最重要的过程即是乳化，乳化作用可以让原本无法融合一起的液体互相结合，俗话说"水油不容"，指的正是这两种液体有各自特性而不能融合，但借助鸡蛋中的卵磷脂的界面活性剂（又称为乳化剂）作用，水、油的分子可以被拉在一起而成就美乃滋。

使用方法

可与其他调味料拌匀成酱汁或酱料，或是直接沾裹食物。

保存期限（未开封） **1** 年 YEARS

如何保存

未开封时放置阴凉通风处，避免阳光直射；开封后放置阴凉处或冰箱冷藏，并且尽快使用完毕。

室温	OK	冷藏	OK

适合烹调法

炒	烤
蘸酱	凉拌

外观

米白色带透明，浓稠半固体状。

味道

同时富含温顺的咸味、甜味、酸味。

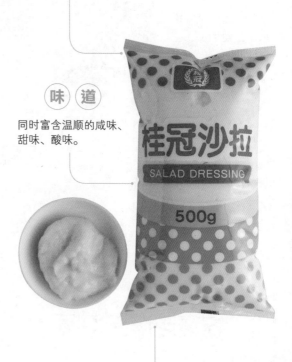

桂冠沙拉

SALAD DRESSING

500g

味道

是西式开胃菜沙拉中不可缺少的酱汁，更是凤梨虾球的最佳搭档。凉面淋上美乃滋调味以后，口感咸咸甜甜，滋味美妙极了。

1

苹果去皮后切细丁；
奇异果去皮后切细
丁，备用。

2

苹果、奇异果放入搅
拌盆，加入美乃滋。

酱汁 | # 果律酱

🍲 烹调示范	🥄 完成份量	🕐 烹调时间
黄经典	**60** g	无
〰️ 火候控制	无	

保存期限	🌡️室温 NO	❄️冷藏 3 天	❄️冷冻 NO

材料
苹果 10g、奇异果 10g

调味料
美乃滋 40g

 Tips

1. 食材切的尺寸判断，小丁大约 0.5 ~ 1cm、细丁为
0.5cm 以下。

2. 水果容易出水，所以酱汁拌好后立刻使用，才能维持
新鲜和最佳口感。

3

用汤匙（或打蛋器）
充分搅拌均匀即可。

2

中筋面粉、地瓜粉混合拌匀即为混合粉。

3

蛋黄加入草虾仁中，拌匀，每只草虾仁均匀沾裹一层混合粉，放置 1～2 分钟，让粉稍微潮化。

料理 | 果律虾球

🍲 烹调示范	🥄 食用份量	🕐 烹调时间
黄经典	**2** 人份	**3** 分钟
🔥 火候控制	中火加热至180℃	

材料
草虾仁 150g、中筋面粉 30g、
地瓜粉 30g、蛋黄 20g

调味料
盐 5g、白胡椒粉 1g、米酒 5g

酱汁
果律酱 60g

1

草虾仁剖背后挑除肠泥，放入搅拌盆，加入盐、白胡椒粉、米酒，拌匀，腌制 10 分钟待入味。

4

草虾仁放入以中火加热至 180℃ 的油锅，快速炸约 3 分钟至熟，捞起后沥干，待降温（60～80℃），加入果律酱，拌匀后盛盘。

Tips

1. 虾仁炸熟后必须稍微降温，再拌入果律酱，以免温度太高导致果律酱出水。

2. 潮化即干粉沾裹在水分比较多或容易释出水分的食材，待一段时间后因为吸收食材水分而变成较为潮湿的现象。

2

鲔鱼从罐头取出后，挤干汤汁。

3

小黄瓜丝放入搅拌盆，加入盐，抓匀后，放置 3 ~ 5 分钟待释出水分，挤干，再加入白醋、黄砂糖拌匀，腌制 15 分钟入味备用。

酱汁 | **鲔鱼酱**

🍲 烹调示范	🥄 完成份量	🕐 烹调时间
黄经典	**200** g	无
〰 火候控制	**无**	

保存期限	💧室温 **NO**	❄冷藏 **3** 天	❄冷冻 **NO**

材料

小黄瓜 50g、洋葱 20g、鲔鱼罐头 100g

调味料

盐 2g、白醋 5g、黄砂糖 5g、美乃滋 20g

 Tips

1. 加盐抓拌后的小黄瓜丝，会释出苦涩水，需要挤干，酱汁才不会有苦味。
2. 小黄瓜、洋葱、鲔鱼必须充分挤干，以免完成的鲔鱼酱出水，影响后续制作与料理成品。

1

小黄瓜切丝；洋葱去皮后切小丁，挤干水分，备用。

4

将入味的小黄瓜、洋葱、鲔鱼、美乃滋放入搅拌盆，混合拌匀即完成。

料理 | 焗烤鲔鱼三明治

🍲 烹调示范	🥄 食用份量	🕐 烹调时间
黄经典	**2** 人份	**5** 分钟
〰 火候控制	烤箱200℃	

材料
吐司 4 片、起司丝 20g

酱汁
鲔鱼酱 90g

Tips

1. 这道料理烘烤好后趁热吃，起司丝熔化拉丝，口感最佳。
2. 烘烤时注意温度与吐司上色，以免温度比较高或烘烤时间比较长，造成吐司边缘焦黑。

1

鲔鱼酱分成两份，取两片吐司排入烤盘，均匀抹上鲔鱼酱，并撒上起司丝。

2

再放入以 200℃ 预热好的烤箱，烘烤 5 分钟至起司丝熔化。

3

再盖上另外两片吐司，放入烤箱，续烤 2 分钟上色，取出后对切成三角形或长方形，盛盘即可食用。

主要产地
日本、中国

丘比美乃滋

Japanese Mayonnaise

外 观

米白色带透明，浓稠半固体状。

特 色

为了防止美乃滋快速腐败，需要加入食盐、糖、醋一起制作，可以降低 pH 值（降低碱性），并提高美乃滋整体的稳定性。

キューピー マヨネーズ

KEWPIE MAYONNAISE

450g

味 道

富含温顺的咸味、甜味、酸味，比台式美乃滋少一点点甜，而咸味更多。

小 档 案

为日式美乃滋，其配方和做法与台式美乃滋相似（在主要原料全蛋或是蛋黄中加入植物油，通过打发让蛋黄中的卵磷脂乳化植物油而成），甜更少咸更多。丘比美乃滋在日本是厨房必备的调味料，每个人的冰箱里几乎都会发现它。除了最基本传统的美乃滋外，也陆续增加许多走健康路线的选项，譬如有强调清爽、卡路里减半、零热量、低脂肪酸的美乃滋，甚至还有芥末口味的美乃滋。丘比美乃滋是日式料理不可缺少的调味圣品，制作日式炒面、大阪烧、章鱼烧等都离不开它。

使 用 方 法

可与其他调味料拌匀成酱汁或酱料，或是直接沾裹食物。

保存期限
（未开封）　**1** 年
YEARS

如 何 保 存

未开封时放置阴凉通风处，避免阳光直射；开封后放置阴凉处或冰箱冷藏，并且尽快使用完毕。

💧 室温	**OK**	❄️ 冷藏	**OK**

适 合 烹 调 法

炒	烤
蘸酱	凉拌

295

酱汁 | 明太子焗烤酱

🍲 烹调示范		🥄 完成份量	🕐 烹调时间
	王陈哲	**205** g	无
🔥 火候控制		无	

保存期限 🔥室温 **NO** ❄冷藏 **7** 天 ❄冷冻 **NO**

材料

辣味明太子 15g

调味料

丘比美乃滋 90g、美乃滋 100g

Tips

1. 明太子务必去膜，以免影响酱汁风味与口感。
2. 酱汁可依照个人喜好调整咸度与甜度，增减明太子、美乃滋的分量。
3. 使用两种美乃滋搭配，可以同时尝到偏咸（丘比美乃滋）、偏甜（美乃滋）滋味。

1

辣味明太子用刀轻划一刀，用汤匙刮出明太子并去膜。

2

辣味明太子、所有调味料放入搅拌盆。

3

用打蛋器（或汤匙）充分搅拌均匀即可。

料理 | 焗烤明太子地瓜

🍲 烹调示范	🥄 食用份量	🕐 烹调时间
王陈哲	**2** 人份	**8** 分钟
〰 火候控制	小火蒸—→烤箱100℃	

材料
栗子地瓜 150g

酱汁
明太子焗烤酱 65g

 Tips

1. 栗子地瓜可以换成马铃薯、茭白笋。
2. 栗子地瓜亦可用蒸笼蒸，以大火蒸 5 分钟至食物熟软。
3. 栗子地瓜因为要带皮一起蒸，所以外皮务必刷干净，以免尘土影响酱汁风味。

1

栗子地瓜洗净，切厚度 1cm 斜片备用。

2

地瓜片蒸至熟软，取出。

3

在蒸熟的栗子地瓜片表面挤上明太子焗烤酱，再放入以 100℃预热好的烤箱。

4

烘烤 3 分钟至明太子焗烤酱上色，取出后即可食用。

沙茶酱

Sa Cha Sauce/Barbecue Sauce

主要产地
中国

小档案

主要原料为花生，花生炸酥后磨碎成花生酱，再依不同需求加入油、盐、蒜头、红葱头、白芝麻、虾米或鱼干等，熬制而成。后来也有供素食者食用的素沙茶酱，用燕麦、小麦加酱油等制作，风味淡雅；亦有满足嗜辣者的麻辣沙茶酱，味道浓郁、香气十足。沙茶酱为高热量食材，应该酌量食用。许多人会将沙嗲酱和沙茶酱作比较，但沙茶酱甜味比较轻、咸味比较重，并有虾干气味；而沙嗲酱稍微偏甜且辛辣，花生含量也比较多，所以有明显差异。

使用方法

可与其他调味料拌匀成酱汁或酱料，或是加入食材中一起烹煮，当作调味料使用。

保存期限
（未开封）

3年
YEARS

如何保存

未开封时放置阴凉通风处，避免阳光直射；开封后放置阴凉处或冰箱冷藏，并且尽快使用完毕。

室温 **OK** 冷藏 **OK**

适合烹调法

炒　烤　煮　烧

焖　蘸酱　凉拌

外观

深褐色，泥状，并且覆盖着比较多油脂。

特色

沙茶酱起源于东南亚地区的华人饮食，可用作烤物抹酱、火锅蘸酱、炸物蘸酱，例如用于沙茶羊肉、沙茶烤肉串。

味道

鲜中带咸味，味道浓郁。

1

酱油、细砂糖、沙茶
酱、麦芽糖放入汤
锅，并加入柳橙汁。

酱汁 | 橙香烤肉酱

🍲 烹调示范	🥄 完成份量	🕐 烹调时间
👤 王陈哲	**370** g	**8** 分钟
〰〰 火候控制	小火	

保存期限 🔥室温 **NO**   ❄冷藏 **14** 天   ❄冷冻 **6** 个月

2

以小火加热，边煮边
拌至细砂糖溶化。

材料
柳橙汁 110g

调味料
酱油 50g、细砂糖 30g、沙茶酱
120g、麦芽糖 60g

Tips
1. 烹煮过程务必边煮边拌，以免酱汁烧焦。
2. 酱汁可依照个人需求调整咸度与甜度，增减酱油、细
砂糖、麦芽糖的分量。

3

煮滚后关火，放置一
旁待凉即完成。

料理 | **BBQ 烤鸡翅**

🍲 烹调示范	🥄 食用份量	🕐 烹调时间
王陈哲	**4** 人份	**15** 分钟
〰️ 火候控制	烤箱200℃	

材 料

鸡翅 300g、青葱 10g、辣椒 10g、蒜仁 10g、
金桔 10g、熟白芝麻 1g

调味料

米酒 10g

酱汁

橙香烤肉酱 120g

 Tips
1. 橙香烤肉酱分两次刷，可以让鸡翅表面具金黄光泽且更香。
2. 鸡翅可以换成鸡腿、猪排，视食材难易熟度或重量调整烘烤时间。

1

鸡翅拔除细毛后洗净；青葱、辣椒切斜片；蒜仁切末；金桔切半，备用。

2

鸡翅、青葱、辣椒、蒜仁放入搅拌盆，加入米酒、80g 橙香烤肉酱，抓匀后腌制 15 分钟入味。

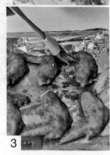

3

鸡翅排入烤盘，均匀刷上一层橙香烤肉酱，再放入以 200℃ 预热好的烤箱，烘烤 10 分钟上色，取出，再刷上剩余橙香烤肉酱，放入烤箱，续烤 5 分钟至熟。

4

鸡翅盛盘，撒上熟白芝麻，放上金桔即可食用。

主要产地
欧洲国家

法式芥末酱

Dijon Mustard

小档案

又称为第戎芥末酱，以法国第戎地区的芥末籽为主要原料，将其研磨后加入水、醋等调制而成。酸味比较强，而辣味不同芥末酱那么呛。风味还会因为调配原料的不同而有所差异。第戎芥末酱源于公元1856年，法国第戎市有个名字叫 Jean Naigeon 的人以尚未成熟的酸葡萄汁替换传统芥末酱配方所用的酸醋而诞生，因为发源于第戎（Dijon），所以称为第戎芥末酱。目前正统第戎芥末酱大部分都添加白葡萄酒和勃艮第酒为副原料，而一般第戎芥末酱以其他的一种或是两种酒作为副原料制成。

使用方法

可与其他调味料拌匀成酱汁或酱料，或是直接沾裹食物。

保存期限
（未开封） **1** 年 YEARS

如何保存

未开封时放置阴凉通风处，避免阳光直射；开封后放置阴凉处或冰箱冷藏，并且尽快使用完毕。

室温	**OK**	冷藏	**OK**

外观

黄褐色，膏状。

特色

适合运用于芥末酱沙拉，或是作为烤肉抹酱、牛排或猪排佐酱。

味道

富含酸味与芥末籽香气，最适合当肉类佐酱。

适合烹调法

炒	烤	煮
蘸酱	凉拌	腌制

调和调味料

1

美乃滋倒入搅拌盆，
加入法式芥末酱。

2

再加入蜂蜜。

3

用汤匙（或打蛋器）
充分搅拌均匀即可。

酱汁 | 蜂蜜芥末酱

🍲 烹调示范	🥄 完成份量	🕐 烹调时间
黄经典	**100** g	无
💧 火候控制	无	

保存期限	💧室温 **NO**	❄冷藏 **10** 天	❄冷冻 **NO**

调味料

美乃滋 60g、法式芥末酱 20g、蜂蜜 20g

Tips 1. 此酱可依照个人喜好调整甜度，增减蜂蜜的分量。
2. 亦可加入少许柠檬汁，增加果香与酸味。

调和调味料

料理 蜂蜜芥末脆薯

🍳 烹调示范	🥄 食用份量	🕐 烹调时间
黄经典	**2** 人份	**20** 分钟
🔥 火候控制	中火蒸→中火加热至180℃	

材料

马铃薯 120g、地瓜 120g、中筋面粉 30g

调味料

盐 5g、白胡椒粉 2g

酱汁

蜂蜜芥末酱 50g

Tips

1. 盐、白胡椒粉的分量可以依个人喜好增减。
2. 马铃薯、地瓜虽然是淀粉类，但是蒸熟后中间仍然有水分，所以油炸时间需要稍微拉长，以达到外酥内松软的效果。

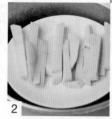

2

马铃薯条、地瓜条蒸熟，取出后放凉。

3

放凉的马铃薯条、地瓜条分别沾裹一层中筋面粉待返潮，再放入以中火加热至180℃的油锅，炸至金黄酥脆，捞起后沥油。

4

均匀撒上盐、白胡椒粉，摇晃均匀，盛盘，附上蜂蜜芥末酱即可食用。

1

马铃薯去皮后切条，地瓜去皮后切条，备用。

303

山葵酱

Mustard Sauce

小档案

又称为日式青芥辣酱、日式芥末酱，翠绿色，市售产品有泥状、粉状、膏状的。山葵为表面粗糙呈绿色的长柱状根茎类农产品，新鲜山葵洗净后，刨成茸状，其口味、口感最好。而市场上常见到很多价格较低廉的管装"芥末酱"，其实是用另一种名叫辣根的农产品为主料制成，其辣味更呛。由于新鲜山葵大部分为日本进口，所以从超市买回来会呈现暗黑色，但泡水后会发现山葵又变回绿色了，利用磨泥板将其磨成泥，新鲜时的味道非常香，且没有市售已装瓶的山葵酱或芥末酱（辣根制品）般呛辣。山葵酱适合各种料理的调味，可运用于生鱼片佐酱，将其挤入碟子，加入适量酱油，搅拌均匀即可蘸；或是用于炸物佐酱、凉拌菜调味酱、腌制料等。

使用方法

可与其他调味料拌匀成酱汁或酱料，或是直接沾裹食物。

保存期限
（未开封）

1 年
YEARS

如何保存

未开封时放置阴凉通风处，避免阳光直射；开封后放置阴凉处或冰箱冷藏，并且尽快使用完毕。

💧 室温	OK	❄ 冷藏	OK

适合烹调法

炒	烤
蘸酱	凉拌

外 观

翠绿色，有泥状、粉状、膏状三种。

特 色

山葵有杀菌、促进食欲的作用，被山葵酱呛到流泪时，快速解呛的秘诀即是把嘴巴张开，保持口鼻畅通，这样呛味能够迅速缓和。

味 道

淡淡的呛辣味，现磨的比市售品更不呛辣。

1

红酒醋、味醂、美乃
滋、法式芥末籽酱、
中华调味酱一起放入
搅拌盆。

2

并且加入山葵酱。

3

用汤匙（或打蛋器）
充分搅拌均匀即可。

调和调味料

芥末酒醋酱

酱汁

🍲 烹调示范	🥄 完成份量	🕐 烹调时间
王陈哲	**460 g**	无
〰 火候控制	无	

保存期限　💧室温 **NO**　❄冷藏 **5** 天　❄冷冻 **NO**

调味料

红酒醋 12g、味醂 50g、美乃滋 300g、法式芥末籽酱
45g、中华调味酱 50g、山葵酱 5g

Tips　1. 酱汁可依照风味需求，做调味上酸度（红酒醋）与甜度（味醂）之调整。

2. 中华调味酱为简易油醋酱，成分有酱油、油、糖、黑芝麻油、蒜头等，若没有此调味酱，亦可用和
风酱汁（第 162 页）替换，只是少了蒜味而已。

料理 | **四季蔬果沙拉**

🍳 烹调示范	🥄 食用份量	🕐 烹调时间
👤 王陈哲	**2** 人份	**3** 分钟
♨ 火候控制	中火	

材料

萝蔓生菜 100g、西兰花 50g、圣女小番茄 40g、
小黄瓜 40g

酱汁

芥末酒醋酱 100g

 Tips
1. 萝蔓生菜冰镇，可以让生菜更加清脆。
2. 萝蔓生菜可以换成西生菜、茭白笋、杏鲍菇。

1

萝蔓生菜去蒂头后，
切小段。

2

再泡入冰开水冰镇，
保持清脆。

306

下页

5

准备一锅滚水，西兰花放入滚水，以中火煮大约 3 分钟至熟软。

7

萝蔓生菜、西兰花、圣女小番茄、小黄瓜全部沥干，放入搅拌盆。

3

西兰花削除粗纤维，每朵切小朵。

4

圣女小番茄切半；小黄瓜切滚刀块。

6

捞起西兰花并且沥干水分，再放入冰开水冰镇。

8

最后加入芥末酒醋酱，拌匀即可盛盘。

Tips ——————————

3. 蔬果拌酱汁前，务必沥干水分，以免多余的水分影响料理外观和口感。

料理 | 茭白笋沙拉

🍲 烹调示范	🥄 食用份量
王陈哲	**2** 人份

材料

萝蔓生菜 100g、茭白笋 50g、圣女小番茄 40g、小黄瓜 40g

酱汁

芥末酒醋酱 100g

做法

1 萝蔓生菜去蒂头后，切小段，再泡入冰开水冰镇备用。

2 茭白笋削除粗纤维，切滚刀块；圣女小番茄切对半；小黄瓜切滚刀块，备用。

3 准备一锅滚水，茭白笋放入滚水，以中火煮约 3 分钟至熟软，捞起后沥干，再放入冰开水冰镇。

4 萝蔓生菜、小黄瓜全部沥干后放入搅拌盆，加入茭白笋、圣女小番茄、芥末酒醋酱，充分拌匀即可盛盘。

泰式红咖喱

Thai Red Curry

小档案

常见的泰式咖喱有红咖喱、黄咖喱、绿咖喱三种。红咖喱是加入了新鲜红辣椒和红色干辣椒，让颜色变成红色；黄咖喱是加入了姜黄，让颜色呈现黄色；绿咖喱则加入了香菜根和新鲜绿色辣椒，让颜色变成绿色。不嗜辣者宜食红咖喱，而黄咖喱微辣，绿咖喱辛辣，非常适合喜欢吃辣的朋友尝尝。泰式红咖喱以柠檬叶、香茅、南姜、红葱头、洋葱、大蒜、甲猜根（类似姜的辛香料，味道比较柔和）、去籽红辣椒等调制而成，形成迷人的香气，适合烹煮牛肉或海鲜。

使用方法

与其他调味料拌匀成酱汁或酱料，或是加入食材中烹煮，当作调味料使用。

保存期限
（未开封）

18 个月
MONTHS

如何保存

未开封时放置阴凉通风处，避免阳光直射；开封后放置阴凉处或冰箱冷藏，并且尽快使用完毕。

室温 **OK**　　冷藏 **OK**

适合烹调法

炒	烤	煮
凉拌		腌制

外观

呈现暗红色或鲜红色，膏状。

味道

带些微辛香味，并具有多种开胃香料风味。

特色

泰式红咖喱的主要材料是红色的干辣椒，加入其他辛香料一起捣成泥糊状，大部分使用在泰式与南洋料理，尤其适合搭配牛肉、海鲜烹调。

2

以小火热锅，倒入色拉油、南姜片、红葱头末、蒜末、炒香，再加入泰式红咖喱，炒匀。

调和调味料

3

接着倒入米酒炒匀，加入鸡骨高汤、柠檬叶、香茅，转中火煮滚后，转小火续煮10~15分钟入味。

酱汁 | 椰汁咖喱酱

🍲 烹调示范	🥄 完成份量	🕐 烹调时间
黄经典	**330** g	**20~25** 分钟
〰 火候控制	小火→中火→小火	

保存期限　🔥 室温 **NO**　❄ 冷藏 **5** 天　❄ 冷冻 **6** 个月

材料

南姜 5g、红葱头 10g、蒜仁 10g、香茅 10g、鸡骨高汤 100g（第 25 页）、干燥柠檬叶 3g

调味料

色拉油 10g、泰式红咖喱 50g、米酒 15g、盐 5g、椰糖 15g、椰浆 100g

1

南姜切片，红葱头去皮后切末，蒜仁切末，香茅切小段，备用。

4

最后加入盐、椰糖、椰浆，拌煮均匀即完成。

Tips　泰式红咖喱在炒香时容易焦化，应注意火候与拌炒，以免产生苦味。

2

以小火热锅，倒入色拉油、洋葱炒香，加入鸡肉炒至变白，再倒入高汤，转大火煮滚且鸡肉熟。

料理 | 椰汁咖喱乌龙面

🍲 烹调示范	🥄 食用份量	🕐 烹调时间
黄经典	**2** 人份	**15** 分钟
◊◊ 火候控制	小火→大火	

材料

洋葱 20g、去骨鸡肉 100g、鸡骨高汤 500g（第25 页）、乌龙面 360g、豆芽菜 20g、九层塔 5g

调味料

色拉油 10g、鱼露 10g

酱汁

椰汁咖喱酱 250g

1

洋葱去皮后切丝；鸡肉切小块；九层塔取叶，备用。

3

接着加入乌龙面、椰汁咖喱酱，煮至面条软化，再加入豆芽菜煮 10 秒钟，倒入鱼露拌匀。

 Tips

1. 去骨鸡肉可以换成虾、鱼类。

2. 容易熟的豆芽菜、九层塔一定要最后再加，才能维持最佳口感。

4

最后放入九层塔叶，拌一拌即可。

咖喱

Curry

主要产地
印度、日本、东南亚国家

外 观

颜色有多种，因为其中配料、香料的不同而不同，颜色有棕色、红色、绿色、黄色、白色等。

味 道

由多种香料组合而成，拥有强烈而浓郁的香气与风味。

特 色

在印度没有"咖喱"一词，所以印度的家庭和餐厅不会用市售的现成咖喱产品烹调，而是用自家配方将数种香料研磨成粉后再混合使用。

小档案

印度、东南亚国家、日本等地区都有各自的特色咖喱。印度咖喱、东南亚咖喱味道强烈并有浓郁辣味，而日式咖喱味道偏甜。咖喱粉是由多种辛香料混合调制而成的复合调味品，原料包含丁香、胡荽子、小茴香子、芥末子、黄姜粉和辣椒等，以颜色区分有棕色、红色、绿色、黄色、白色等，不同咖喱由不同配料、香料的比例调制成，口味也多达十多种，其中青咖喱最辣。印度咖喱粉适合烹调肉类、海鲜或蔬菜，运用范围广泛，或是与其他调味料调匀为酱料，当作佐酱或是烧烤类抹酱。

使 用 方 法

可与其他调味料拌匀成酱汁或酱料，或是加入食材中一起烹煮，当作调味料使用。

保存期限（未开封） **2** 年 YEARS

如 何 保 存

未开封时放置阴凉通风处，避免阳光直射；开封后放置阴凉处，并且尽快使用完毕。

室温 OK | 冷藏 NO

适 合 烹 调 法

| 炒 | 烤 | 烧 |
| 焖 | 凉拌 | 腌制 |

311

2

以小火热锅，加入色拉油、中姜末、红葱头末、蒜末，炒香，再加入咖喱粉，拌匀且炒香。

酱汁 ┃ 沙嗲酱

🍲 烹调示范	🥄 完成份量	⏰ 烹调时间
👨 黄经典	**225** g	**10** 分钟
〰️ 火候控制	小火→中火	

保存期限　💧室温 NO　❄冷藏 3 天　❄冷冻 NO

材料
中姜 10g、红葱头 15g、蒜仁 15g、花生酱 20g、鸡骨高汤 90g（第 25 页）、椰浆 30g

调味料
色拉油 10g、咖喱粉 5g、米酒 10g、盐 5g、黄砂糖 15g

 Tips
1. 椰浆最后再加，并且不需要煮滚，只要拌匀即可。
2. 花生酱、椰浆含植物油脂多，烹煮时避免高温与加热太久，以免产生油水分离。

1

中姜、红葱头、蒜仁分别去皮，并且切末备用。

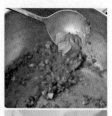

3

倒入米酒炒匀，再加入花生酱炒匀，接着倒入鸡骨高汤，转中火煮滚。

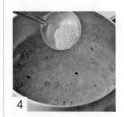

4

最后加入椰浆、盐、黄砂糖，拌煮均匀即完成。

料理 | 沙嗲肉串

🍳 烹调示范	🥄 食用份量	⏰ 烹调时间
黄经典	**2** 人份	**10** 分钟
🔥 火候控制	烤箱230℃	

材料

鸡胸肉 100g、牛肉 100g、小黄瓜 50g、
洋葱 50g

调味料

米酒 10g、盐 5g

酱汁

沙嗲酱 80g

 Tips

1. 单吃肉串会感到油腻，搭配冰镇后爽脆的
   小黄瓜、洋葱，非常清爽好吃。
2. 肉串刷沙嗲酱后，烘烤时更容易焦黑，所
   以请随时注意烘烤状态，以维持最佳成品。

1

鸡胸肉、牛肉分别切
小块，鸡胸肉、牛肉
分别放入搅拌盆，并
以米酒、盐腌制 15
分钟入味。

2

小黄瓜切滚刀块，洋
葱去皮后切丝，分别
放入冰水中冰镇。

3

鸡胸肉块、牛肉块分
别以竹签串起，放在
刷一层薄油的烤盘
上，再放入以 230℃
预热好的烤箱，烘烤
8 分钟上色，取出后
刷上一层沙嗲酱，放
入烤箱续烤 2 分钟。

4

取出肉串盛盘，附上
沥干的小黄瓜块、洋
葱丝，以及剩余的沙
嗲酱即可食用。

313

五香粉

Allspice

小档案

五香粉由多种调味料混合而成，名字并非表示只有5种，材料中以丁香、肉桂、八角、花椒、茴香等为主，香气浓郁且味道独特，是中式料理经常会用到的调味料，尤其适合用在腌制料里，例如用于腌排骨、腌鸡腿，或是作为卤味、肉类的调味料。市面上有许多罐装的五香粉可以采购，也可以到中药行购买这些香料，请店家打成粉状，配方也可以依个人喜欢的香气做调整。

使用方法

可与其他调味料拌匀成酱汁或酱料，或是加入食材中一起烹调，当作调味料使用。

保存期限
（未开封）

2 年
YEARS

如何保存

未开封时放置阴凉通风处，避免阳光直射；开封后放置阴凉处，并且尽快使用完毕。

室温 **OK**　　冷藏 **OK**

适合烹调法

炒　烤　卤　炖
焖　　　腌制

外 观

棕色，颗粒一致的粉末。

味 道

香料香气浓郁，并带点辛辣味。

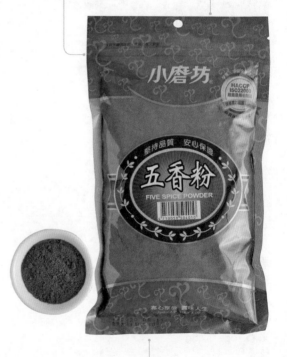

特 色

五香粉最大特点是闻起来非常香，主要作用是凸显食物的原味，并提升食欲。

1

细砂糖、酱油倒入汤锅，并加入五香粉、色拉油。

2

用汤匙（或打蛋器）充分搅拌均匀。

酱汁 | 古早味卤汁

🍲 烹调示范	🥄 完成份量	🕐 烹调时间
王陈哲	**300** g	**3** 分钟
🔥 火候控制	小火	

保存期限	💧室温 **NO**	❄冷藏 **14** 天	❄冷冻 **6** 个月

调味料

细砂糖 100g、酱油 100g、五香粉 3g、色拉油 100g

 Tips

1. 以小火慢慢煮并搅拌，能避免酱汁黏锅底或未搅匀。
2. 酱汁可依照个人需求调整甜度和咸度，增减细砂糖、酱油的分量。

3

以小火加热，边煮边拌至细砂糖溶化，关火后放凉即完成。

1

小豆干稍微洗过，再放入滚水，以大火氽烫10秒钟，捞起后沥干水分。

料理 | # 卤豆干

🍲 烹调示范	🥄 食用份量	🕐 烹调时间
王陈哲	**2** 人份	**1** 小时
🔥 火候控制	大火→小火	

材料　　　　　　　　　**酱汁**

小豆干 300g　　　　　　　古早味卤汁 150g

调味料

干燥月桂叶 3g

2

古早味卤汁倒入汤锅（或炖锅），放入小豆干、月桂叶，以大火煮滚，盖上锅盖，转小火焖煮1小时。

3

煮至酱汁收干且入味，关火后放凉，盛盘即可。

> **Tips**
> 1. 小豆干可换成水煮蛋。
> 2. 放凉时，勿翻动豆干，以免变质。
> 3. 焖煮过程，需要打开锅盖，拌一拌，以免小豆干烧焦、卤汁粘锅底。

主要产地
日本、中国

七味辣椒粉

Shichimi

小档案

又称为七味唐辛子、七色唐辛子、七种唐辛子。由七种材料调制而成，以辣椒为主原料，其他材料包含陈皮、芝麻、花椒、火麻仁、紫苏、青海苔，将这七种香料研磨成粉状，香气浓郁且丰富，味道微辣。七味辣椒粉在日本当地是餐桌上常见的调味料，可运用于日式盖饭、荞麦面、乌龙面、火锅、温泉蛋、炸物、烤物、凉拌菜、腌制物等。

使用方法

可与其他调味料拌匀成酱汁或酱料，或是加入食材中一起烹煮，当作调味料使用。

调和调味料

外 观

暗红色，均匀粉状或细小颗粒。

味 道

香气浓郁且丰富，辣度比较高。

保存期限
（未开封）

2 年
YEARS

如何保存

未开封时放置阴凉通风处，避免阳光直射；开封后放置阴凉处，并且尽快使用完毕。

室温	**OK**	冷藏	**NO**

特 色

七味辣椒粉含多层次香辣风味，可以撒在日式盖饭、拉面中调味，或是当作蘸酱使用，都能丰富料理风味。较适合用在海鲜、汤、烧烤类菜肴。

适合烹调法

炒	炸	煮	烤
煎	蘸酱	凉拌	腌制

1

低筋面粉、白胡椒粉、盐、黑胡椒碎、七味辣椒粉依序放入搅拌盆。

酱汁 | **炸鸡粉**

🍲 烹调示范	🥄 完成份量	🕐 烹调时间
王陈哲	**425** g	无
〰 火候控制	无	

保存期限　🌡室温 **1** 个月　❄冷藏 **3** 个月　❄冷冻 **6** 个月

2

用汤匙慢慢往内拨，并且充分搅拌均匀即完成。

材料

低筋面粉 400g

调味料

白胡椒粉 8g、盐 2g、黑胡椒碎 12g、七味辣椒粉 4g

Tips　1. 添加七味辣椒粉的炸鸡粉，能让炸物更香更美味。

2. 炸鸡粉只要密封好，放置阴凉通风处保存即可。

2

鸡腿块放入搅拌盆，
加入盐、白胡椒粉、
米酒，抓匀后腌制 10
分钟入味。

3

鸡腿块裹上一层炸鸡
粉，放置待反潮，再
放入以中火加热至
180℃的油锅，炸约
6 分钟至熟且金黄，
捞起后沥油。

4

鸡腿块盛盘，撒上七
味辣椒粉，并附上金
桔即可。

 料理 ｜ 唐扬炸鸡

 烹调示范	 食用份量	 烹调时间
王陈哲	**2** 人份	**6** 分钟
火候控制	中火加热至180℃	

材料

去骨鸡腿 300g、金桔 10g

调味料

盐 5g、白胡椒粉 5g、米酒 10g、七味辣椒粉 2g

酱汁

炸鸡粉 100g

Tips

1. 鸡腿可以换成鸡软骨、软丝、中卷。
2. 油温勿超过180℃，以免鸡腿肉炸焦且没有熟。

1

去骨鸡腿切小块；金
桔切半，备用。

韩式辣椒酱

Korean Chili Sauce

小档案

韩式辣椒酱为韩国特色酱料之一，是韩国当地餐桌上常见的蘸酱，辣中带甜咸，可以促进食欲。韩式辣椒酱主要成分为红辣椒粉、糯米淀粉、糖、盐、蒜、洋葱、麦芽、酵母菌等。因为韩国料理的流行，使得韩式辣椒酱也广受人们的喜爱与使用。经常用作烤肉的蘸酱，或在烹调洋葱时调味，或是在吃石锅拌饭时加些一起拌，香气迷人。

使用方法

可与其他调味料拌匀成酱汁或酱料，或是加入食材中一起烹煮，当作调味料使用。

保存期限
（未开封）
18 个月
MONTHS

如何保存

未开封时放置阴凉通风处，避免阳光直射；开封后放置阴凉处或冰箱冷藏，并且尽快使用完毕。

室温	OK	冷藏	OK

适合烹调法

炒	烤	煮
蘸酱	凉拌	腌制

暗红色，浓稠膏状。

质地温和，同时富含辣、甘甜和咸味，是烤肉、拌饭、辣年糕、泡菜的重要调味料。

味道

辣中带些甘甜和咸味，口感温和并且充满辛香气味。是广受欢迎的韩式炸鸡、韩式辣炒年糕、韩国泡菜不可缺少的调味料。

以小火热锅，加入色拉油、蒜末，炒香，再加入韩式辣椒酱、番茄酱，炒匀。

接着加入肉桂粉炒匀，倒入剩余90g水拌匀，并加入细砂糖、盐、酱油，拌煮均匀。

调和调味料

酱汁｜韩式炸鸡酱

🍲 烹调示范	🥄 完成份量	🕐 烹调时间
黄经典	**250** g	**8** 分钟
〰️ 火候控制	小火	

保存期限 🔥室温 **NO** ❄️冷藏 **7** 天 ❄️冷冻 **6**个月

材料
蒜仁 10g、水 120g、马铃薯粉 10g

调味料
色拉油 10g、韩式辣椒酱 30g、番茄酱 20g、肉桂粉 2g、细砂糖 30g、盐 3g、酱油 15g

1

蒜仁切末；马铃薯粉、30g水拌匀为芡汁，备用。

4

最后倒入马铃薯粉水勾芡，边煮边拌至滚即完成。

 Tips
1. 韩式辣椒酱、番茄酱比较浓稠，需要先炒散，才能加入其他调味料。
2. 酱汁浓稠度用马铃薯粉水调整，勿太稀或太浓稠，以便后续烹调。

3

再放入以中火加热至
180℃的油锅,炸至
熟且金黄酥脆,捞起
后沥油。

料理 | 韩式炸鸡

🍲 烹调示范	🥄 食用份量	🕐 烹调时间
黄经典	**2**人份	**6**分钟
〰️ 火候控制	中火加热至180℃→小火	

材料

去骨鸡肉 180g、鸡蛋 50g、中筋面粉 20g、
熟白芝麻 2g

调味料

盐 3g、肉桂粉 1g、米酒 10g

酱汁

韩式炸鸡酱 120g

 Tips

1. 市售鸡蛋 1 个重 50 ~ 60g,蛋黄重 20 ~
   25g、蛋白重 30 ~ 35g。
2. 酱汁拌鸡肉时小火加热即可,温度勿太高,
   以免产生焦味。

1

鸡肉切小块后放入搅
拌盆,加入所有调味
料、鸡蛋,搅拌均匀,
腌制 10 分钟入味。

2

鸡肉块沾裹一层中筋
面粉,放置待返潮。

4

炸鸡酱倒入锅内,以
小火加热,并加入炸
好的鸡肉块,拌炒至
均匀沾裹酱汁,撒上
熟白芝麻即可。

辣椒汁

Tabasco Sauce

小档案

又称为 TABASCO 辣椒酱、TABASCO 辣椒汁、TABASCO 辣椒调味酱。主要成分为塔巴斯科辣椒，产自美国路易斯安那州阿韦利岛。配料还包括岛上独有的矿物盐和天然白醋。经由捣碎、发酵、混和、压榨、装瓶、密封而成。色泽鲜红，随放置时间增长颜色会加深。辣度比较高。适合各种料理的烹煮调味，或是直接淋于食物上增加风味，亦可当腌制料，也可给调酒提味，鸡尾酒血腥玛丽就常用到它。

使用方法

可与其他调味料拌匀成酱汁或酱料，或是加入食材中一起烹煮，当作调味料使用，亦可当作腌制材料、给调酒提味。

外 观

鲜红色，液体状。

味 道

具辣味、酸味，适合各种料理的调味。

特 色

辣椒汁的主要材料是墨西哥塔巴斯科（TABASCO）变种小米辣椒，原产地名称已经成为商品的注册商标。

保存期限
（未开封） **2** 年
YEARS

如何保存

未开封时放置阴凉通风处，避免阳光直射；开封后放置阴凉处或冰箱冷藏，并且尽快使用完毕。

室温 **OK**   冷藏 **OK**

适合烹调法

| 炒 | 烤 | 蘸酱 |
| 凉拌 | | 腌制 |

调和调味料

1

用汤匙绕着柠檬皮取出柠檬汁 5g。

2

辣椒汁、番茄酱、辣根酱、法式芥末酱放入搅拌盆。

3

用汤匙（或打蛋器）充分搅拌均匀。

4

再倒入汤锅，以小火加热煮至微滚，关火后滤除杂质即可。

酱汁 ┃ **鸡尾酒酱**

🍲 烹调示范	🥄 完成份量	🕐 烹调时间
黄经典	**60** g	**3** 分钟
〰 火候控制	小火	

保存期限 🌡室温 **NO** ❄冷藏 **5** 天 ❄冷冻 **NO**

材料

柠檬 25g

调味料

辣椒汁 5g、番茄酱 30g、辣根酱 10g、法式芥末酱 10g

Tips

1. 柠檬 1 个大约 50g，可以榨出 20～40g 柠檬汁。

2. 辣根酱可以到量贩店购买，大部分使用根部磨碎后制成调味料，嫩叶可以当蔬菜类食用。

2

九层塔挑完整小段；
盐、白胡椒粉拌匀为
胡椒盐，备用。

3

鲜蚵放入以中火加热
至180℃的油锅，炸
至金黄色，捞起后沥
油，盛盘。

调和调味料

| 料理 | 酥炸鲜蚵
佐鸡尾酒酱 |

烹调示范	食用份量	烹调时间
黄经典	**2** 人份	**5** 分钟
火候控制	中火加热至180℃	

材 料

鲜蚵 180g、地瓜粉 50g、九层塔 15g

调 味 料

盐 5g、白胡椒粉 2g

酱 汁

鸡尾酒酱 60g

 Tips

1. 鲜蚵以高温并短时间油炸，能维持酥脆与
   新鲜多汁口感。
2. 油炸时以二次炸法更佳，第二次高温快炸
   数秒钟即捞起，可以增加色泽与酥脆。

1

鲜蚵洗净后沥干，沾
裹一层地瓜粉。

4

接着放入九层塔，快
速炸酥即可捞起，放
于鲜蚵上，并附胡椒
盐、鸡尾酒酱即可。

市售方便酱料&人工调味料

市面上有越来越多方便酱料、调味料供大家选择，不仅可以减省烹调时的调味程序，而且风味与口感不错。但部分产品中含对健康不太有益的化学成分，挑选时务必仔细看清楚所标示的成分。

方便酱料

方便酱料即是调味料结合不同材料或辛香料所制成的风味酱料，但市售调味品的质量不一，部分含对健康不太有益的化学成分，人体长期或大量食用容易产生各种健康方面的负面影响，所以应该酌量，也可以换作书中天然又健康的自制酱汁和酱料。

① 黑胡椒酱

主要成分为黑胡椒、洋葱、糖、盐、酱油等，具辣味，呈暗褐色、黏稠半液体状。适合各种烹调方式，可用于腌制，或是直接当作蘸酱。

· **适合料理举例：黑胡椒铁板面、黑胡椒牛柳。**

② 照烧酱

主要成分为味醂、酱油、米酒、细砂糖等，具有咸味和甜味，呈暗褐色、黏稠半液体状，适合各种烹调方式，可用于腌制，或是直接当作蘸酱。

· **适合料理举例：照烧鸡翅、照烧猪肉丼饭。**

③ 叉烧酱

主要成分为酱油、细砂糖、色拉油、水等，酱香浓郁，呈暗褐色、黏稠半液体状，适合各种烹调方式，可用于腌制以及给拌馅调味。

· **适合料理举例：叉烧肉、腰果叉烧酱鸡丁。**

④ 烤肉酱

主要成分为酱油、米酒、麦芽糖、胡椒粉、细砂糖等，具咸味、香味浓郁，呈暗褐色、黏稠半固体状，适合各种烹调方式，可用于腌制，或做烧烤类的蘸酱。

· **适合料理举例：酱烧鸡腿、酱烧杏鲍菇。**

⑤ 甜辣酱

主要成分为番茄汁、辣椒、细砂糖等，甜味比较高、香味浓郁，呈鲜红色的黏稠半固体状，适合各种烹调方式，可用于腌制，或是直接当作蘸酱。

· **适合料理举例：肉类蘸酱、酱烧杏鲍菇。**

⑥ 五味酱

主要成分为辣椒、蒜头、姜、番茄酱、酱油膏等，酸度比较高、带点微辣，呈鲜红色的黏稠半固体状，适合各种烹调方式，可做海鲜料理的调味料，或是直接当作蘸酱。

· **适合料理举例：五味软丝、古早味鸡卷。**

⑦ XO 酱

主要成分为干贝、金华火腿、虾米、鳊鱼、辣椒等，辣度比较高，鲜味浓郁，呈暗红色的液体状，适合各种烹调方式，可用于腌制，或是当作蘸酱。

· **适合料理举例：XO 酱干拌面、XO 酱炒饭。**

⑧ 红葱酱

主要成分为芥花油、红葱头、酱油等，具有红葱头味道，呈暗褐色的黏稠半固体状，适合各种烹调方式，可用于腌制，做拌面的调味料，或是直接当作蘸酱。

· **适合料理举例：红葱干拌面、古早味米粉汤。**

⑨ 蒜蓉酱油膏

主要成分为黑豆、黄豆、盐、细砂糖、蒜头等，辛辣度比较高，呈暗褐色、黏稠半固体状，适合各种烹调方式，可用于腌制，或是直接当作蘸酱。

· **适合料理举例：蒜泥白肉、蒜蓉虾。**

⑩ 泰式烧鸡酱

主要成分为辣椒、柠檬汁、鱼露、细砂糖等，带点微辣并有酸甜味，呈鲜红色、黏稠半固体状，适合各种烹调方式，可用于腌制，或是直接当作蘸酱。

- **适合料理举例：月亮虾饼、红糟肉。**

⑪ 泰式青咖喱酱

主要成分为椰奶、绿辣椒、香茅、棕榈糖、鱼露、青柠、泰国罗勒等，具浓郁香气和辣味，呈绿色的液体状，适合烹调牛肉、猪肉、鸡肉料理，或是与米食结合。

- **适合料理举例：咖喱海鲜煲、青咖喱鸡饭。**

⑫ 川式麻辣酱

主要成分为辣椒粉、豆瓣酱、色拉油等，具浓郁麻辣味，呈暗红色的半固体状，适合烹调牛肉、猪肉、海鲜类料理，或是与面食结合。

- **适合料理举例：四川肉碎辣面、川味口水鸡。**

⑬ 茴香麻辣酱

主要成分为花椒、辣油、豆瓣酱、色拉油等，具有浓郁麻辣味香气，呈暗褐色的半固体状，适合烹调牛肉、猪肉、海鲜类料理。

- **适合料理举例：干锅松板花菜、重庆烤鱼。**

⑭ 意大利油醋酱

主要由葡萄经过压榨、熬煮、发酵等程序制成。同时带有甜味、酸味，呈深棕色的黏稠液体状。适合各种烹调方式，可做沙拉的调味料，或是直接当作蘸酱。

- **适合料理举例：生菜沙拉、火锅蘸酱。**

⑮ 和风酱

主要成分为色拉油、酱油、细砂糖、柠檬汁、水等，甜味和酸味比较高，呈暗褐色的液体状，适合各种烹调方式，可用于腌制，或是做凉拌类的蘸酱。

- **适合料理举例：日式和风洋葱、凉拌龙须菜。**

⑯ 千岛沙拉酱

主要成分为美乃滋、柠檬汁、番茄酱、辣椒汁等，甜度比较高，呈淡红色的黏稠半固态状，适合用作沙拉调味酱和各种料理的蘸酱。

·适合料理举例：生菜沙拉、汉堡。

⑰ 双果醋

主要成分为百香果、白葡萄、糙米醋、糯米醋、果糖、蜂蜜等，酸度和甜度比较高，呈黄橙色的液体状，适合各种烹调方式，可用于腌制，或是用于饮品、蘸酱的调味。

·适合料理举例：糖醋排骨、水果醋冻。

⑱ 胡椒盐

主要成分为白胡椒粉、盐等，辛辣度比较高，呈浅褐色的均匀粉末状，适合各种烹调方式，可用于腌制，或是用作炸物的蘸酱。

·适合料理举例：咸酥鸡、椒盐杏鲍菇。

Point B 人工调味料

经过较多的人为加工而成，例如通过萃取获得原食材中的风味物质，产品形态与天然食材差别很大。其主要目的与功能为增加菜肴或者天然调味料的风味，这样的人工调味料有味精、柠檬胡椒盐等；或是取代耗费人力与材料才能制成的基底高汤、酱料，这样的人工调味料有鸡粉、鲣鱼粉、香菇精等。但是因为人工调味料部分含有各种化学成分，长期或大量食用对人体会产生负担，所以应该酌量使用，或是以天然调味料取代。

① 味精

主要成分为谷氨酸钠，原先是由日本人从海带中萃取出来的结晶物（编者注：现代生产通常由细菌对淀粉、糖等食材发酵后生成），具鲜味，色泽白皙，颗粒均匀且细小，适合各种料理的调味。味精的鲜味在适当的钠离子浓度下才能突显，所以，味精只适合用在咸味菜肴中。（编者注：过往有说法认为味精对人体有害，实际上在不过量使用的情况下，味精对人体无害，这点由很多长期实验证实，在欧美国家被认可。）

② 鸡粉

鸡粉的主要成分并不是从鸡肉中提取得来的，其主要成分为谷氨酸钠、盐、鸡油、糖，具鲜甜味，为淡黄色、易碎的细小颗粒，适合各种料理的调味。

③ 香菇风味鲜味粉

主要成分是香菇萃取物、氨基酸、盐，具鲜甜味，呈棕色、易碎的细小颗粒，适合各种料理的调味。

④ 海带风味鲜味粉

主要成分是海带（昆布）萃取物、氨基酸、盐，具鲜甜味，呈棕色、易碎的细小颗粒，适合各种料理的调味。

⑤ 鲣鱼风味鲜味粉

主要成分是鲣鱼（烟仔虎、柴鱼）萃取物、氨基酸、盐，具鲜甜味，呈棕色、易碎的细小颗粒状，适合各种料理的调味。

⑥ 干贝风味高汤粉

主要成分是干贝（瑶柱、带子）萃取物、氨基酸、盐，具鲜甜味，呈棕色、易碎的细小颗粒，适合各种料理的调味。

⑦ 大骨高汤粉

主要成分是鸡肉萃取物、氨基酸、盐，具鲜甜味，呈棕色、易碎的细小颗粒，适合各种料理的调味。

⑧ 鸡汤块

主要成分为鸡肉萃取物、鸡油萃取物、谷氨酸、盐、棕榈油，具鲜甜味，呈淡黄色的固体块状，适合各种料理和汤品的调味。

⑨ 浓缩鸡汁

主要成分为鸡肉萃取物、鸡油萃取物、谷氨酸、盐，具浓郁肉质香味，呈深黄色的液体状，适合各种料理的调味。

调和油

调和油又称为高和油，主要成分为精炼的油脂，由两种以上的油脂（香油除外）按比例调制而成，呈无色透明的液体状，适合当作烹调油或用于料理调味。

〈 索引 〉
调味料与相关料理一览表

基本调味料

糖类

黄砂糖	黄砂糖浆P.57
	酵素糖浆P.60
	大阪烧酱P.77
	黑胡椒酱P.128
	古早味肉燥P.155
	肉燥筒仔米糕P.156
	台式泡菜腌汁P.184
	咸腌酱P.211
	马告咸猪肉P.212
	巴萨米克红酒酱P.196
	红酒蜜汁P.228
	酒酿桂花酱P.255
	鲔鱼酱P.293
	沙嗲酱P.312
冰糖	冰糖醋汁P.63
	冰糖柠檬汁P.65
	百香果蜜酱P.70
细砂糖	盐焦糖奶油酱P.51
	焦糖酱P.54
	焦糖奶酪P.55
	姜汁红糖杏仁豆腐P.74
	白卤汁P.80
	盐醋汁P.82
	三杯酱P.103
	口水鸡酱P.107
	椒麻鸡酱P.109
	水煮牛肉P.113
	干锅松板花菜P.152
	干锅松板腰花P.153
	柳叶鱼甘露煮P.159

	和风酱汁P.162
	蒲烧酱汁P.164
	家常酱汁P.167
	蒜泥酱P.170
	韩式醋酱P.173
	南蛮司汁P.175
	五味酱P.178
	寿司醋汁P.181
	梅子醋汁P.187
	照烧酱P.203
	凤梨树子酱P.206
	蜜番茄汁P.217
	橙香朗姆酒酱P.220
	法式薄饼佐橙香朗姆酒酱P.221
	鱼香酱P.237
	炸酱P.240
	黄金泡菜酱汁P.243
	豆豉酱P.246
	凉拌豆酱汁P.249
	酒酿桂花奶冻P.256
	红糟腌酱P.258
	泰式凉拌酱汁P.261
	糖醋酱P.279
	糖醋排骨P.280
	糖醋里脊P.281
	香柠芝麻酱P.287
	橙香烤肉酱P.299
	古早味卤汁P.315
	韩式炸鸡酱P.321
麦芽糖	大阪烧酱P.77
	橙香烤肉酱P.299
红糖	姜汁红糖浆P.73
椰糖	暹罗虾酱P.264

	椰汁咖喱酱P.309
蜂蜜	草莓莎莎酱P.68
	百香果蜜酱P.70
	蜂蜜芥末酱P.302

盐类

玫瑰盐	煎牛排佐巴萨米克红酒酱P.197
海盐	八角胡椒海盐P.87
盐	盐焦糖奶油酱P.51
	冰糖醋汁P.63
	草莓莎莎酱P.68
	酥炸透抽佐草莓莎莎酱P.69
	和风大阪烧P.78
	白卤汁P.80
	盐醋汁P.82
	香蒜奶油酱P.84
	塔塔酱P.92
	酥炸鲜鱼佐塔塔酱P.93
	意式蒜茶油菇炖饭P.96
	广式香葱酱P.99
	广式香葱鸡P.100
	川味口水鸡P.108
	椒麻鸡P.110
	青酱P.115
	青酱蛤蜊意大利面P.116
	辣葡萄籽油醋P.118
	烤蔬菜佐辣葡萄籽油醋P.120
	椒盐粉P.122
	香辣番茄酱P.125
	香辣番茄鲜虾笔尖面P.126
	黑胡椒猪排P.129

肉燥筒仔米糕P.156
泡菜猪肉煎饼P.174
五味软丝P.179
寿司醋汁P.181
台式泡菜P.185
油醋酱P.190
绍兴酱汁P.200
药炖排骨汤P.209
咸腌菜P.211
马告咸猪肉P.212
啤酒猪脚P.215
白酒奶油酱P.224
和风意式凉面P.232
黄金泡菜P.244
凉拌青木瓜P.262
意大利肉酱P.283
意大利肉酱披萨P.284
香柠芝麻酱P.287
柠檬芝麻酱冷面P.289
果律虾球P.292
鲔鱼酱P.293
蜂蜜芥末脆薯P.303
椰汁咖喱酱P.309
沙嗲酱P.312
沙嗲肉串P.313
炸鸡粉P.318
唐扬炸鸡P.319
韩式炸鸡酱P.321
韩式炸鸡P.322
酥炸鲜蚵佐鸡尾酒酱P.325

油类

冷压初榨 油醋酱P.190
橄榄油 青酱P.115
青酱蛤蜊意大利面P.116
香辣番茄鲜虾笔尖面P.126
香辣番茄酱P.125
草莓莎莎酱P.68

黑胡椒猪排P.129
煎牛排佐巴萨米克红
酒酱P.197
意大利肉酱P.283
意大利肉酱披萨P.284
色拉油 塔塔酱P.92
葱香油＆葱蒜酥P.90
和风大阪烧P.78
韩式炸鸡酱P.321
古早味卤汁P.315
沙嗲酱P.312
椰汁咖喱乌龙面P.310
椰汁咖喱酱P.309
糖醋里脊P.281
糖醋排骨P.280
豆豉鲜蚵P.247
炸酱面P.241
炸酱P.240
鱼香茄子P.238
鱼香酱P.237
和风意式凉面P.232
照烧牛肉P.205
照烧猪肉丼饭P.204
鲜鱼南蛮司P.176
泡菜猪肉煎饼P.174
蒜泥蒸鲜虾P.171
家常烧豆腐P.168
蒲烧酱鲷鱼P.165
和风酱汁P.162
椒盐杏鲍菇P.123
花椒油 口水鸡酱P.107
椒麻鸡酱P.109
干锅松板花菜P.152
干锅松板腰花P.153
苦茶油 香蒜苦茶油酱P.95
香油 广式香葱酱P.99
和风酱汁P.162
蒜泥酱P.170
黄金泡菜酱汁P.243

豆豉鲜蚵P.247
凉拌龙须菜P.250
无盐黄油 香蒜奶油酱P.84
黑胡椒酱P.128
橙香朗姆酒酱P.220
法式薄饼佐橙香朗姆
酒酱P.221
白酒奶油酱P.224
焗烤奶油海鲜炖饭P.225
黑芝麻油 三杯酱P.103
三杯鸡P.104
葡萄籽油 辣葡萄籽油醋P.118
烤蔬菜佐辣葡萄籽油
醋P.120
辣椒油 水煮酱汁P.112
干锅酱汁P.151
黄金泡菜酱汁P.243

胡椒类

白胡椒 酥炸透抽佐草莓莎莎酱P.69
酥炸鲜鱼佐塔塔酱P.93
椒麻鸡P.110
椒盐粉P.122
家常烧豆腐P.168
蒜泥酱P.170
煎牛排佐巴萨米克红
酒酱P.197
焗烤奶油海鲜炖饭P.225
红糟腌酱P.258
糖醋排骨P.280
糖醋里脊P.281
果律虾球P.292
蜂蜜芥末脆薯P.303
炸鸡粉P.318
唐扬炸鸡P.319
酥炸鲜蚵佐鸡尾酒酱P.325
黑胡椒 草莓莎莎酱P.68
八角胡椒海盐P.87
意式蒜茶油菇炖饭P.96

烤蔬菜佐辣葡萄籽油醋P.120

香辣番茄酱P.125

黑胡椒酱P.128

黑胡椒猪排P.129

油醋酱P.190

煎牛排佐巴萨米克红酒酱P.197

意大利肉酱P.283

炸鸡粉P.318

中药材＆香料

八角	八角胡椒海盐P.87
	古早味肉燥P.155
	台式泡菜腌汁P.184
	咸腌酱P.211
	马告咸猪肉P.212
甘草	台式泡菜腌汁P.184
肉桂粉	古早味肉燥P.155
	咸腌酱P.211
	马告咸猪肉P.212
	红酒蜜汁P.228
	韩式炸鸡酱P.321
	韩式炸鸡P.322
花椒粒	水煮酱汁P.112
	干锅酱汁P.151
	台式泡菜腌汁P.184
枸杞	绍兴酱汁P.200
	药膳酱汁P.208
红枣	绍兴酱汁P.200
马告	咸腌酱P.211
	马告咸猪肉P.212
干燥月桂叶	八角胡椒海盐P.87
	辣味油醋海鲜沙拉P.119
	香辣番茄酱P.125
	黑胡椒酱P.128
	焗烤奶油海鲜炖饭P.225
	意大利肉酱P.283

卤豆干P.316

干燥奥立冈	香辣番茄酱P.125
	意大利肉酱P.283
当归	绍兴酱汁P.200
	药膳酱汁P.208

发酵调味料

酱油类

古早味酱油	古早味肉燥P.155
	甘露煮汁P.158
纯酿酱油	干锅酱汁P.151
淡色酱油	口水鸡酱P.107
	和风酱汁P.162
	蒲烧酱汁P.164
	南蛮司汁P.175
酱油	大阪烧酱P.77
	三杯酱P.103
	水煮酱汁P.112
	黑胡椒酱P.128
	家常酱汁P.167
	韩式醋酱P.173
	照烧酱P.203
	咸腌酱P.211
	马告咸猪肉P.212
	日式凉面酱汁P.231
	酱烧腐乳汁P.234
	豆豉酱P.246
	糖醋酱P.279
	糖醋排骨P.280
	糖醋里脊P.281
	橙香烤肉酱P.299
	古早味卤汁P.315
	韩式炸鸡酱P.321
酱油膏	口水鸡酱P.107
	家常酱汁P.167
	五味酱P.178
蚝油	黑胡椒酱P.128

蒜泥酱P.170

炸酱P.240

醋类

巴萨米克醋	巴萨米克红酒酱P.196
白酒醋	辣葡萄籽油醋P.118
	油醋酱P.190
白醋	冰糖醋汁P.63
	冰糖莲藕P.64
	大阪烧酱P.77
	盐醋汁P.82
	塔塔酱P.92
	口水鸡酱P.107
	柳叶鱼甘露煮P.159
	和风酱汁P.162
	韩式醋酱P.173
	南蛮司汁P.175
	五味酱P.178
	鱼香酱P.237
	鱼香茄子P.238
	黄金泡菜酱P.243
	糖醋酱P.279
	鲔鱼酱P.293
红酒醋	凯萨酱P.193
	芥末酒醋酱P.305
乌醋	五味酱P.178
糯米醋	肉燥筒仔米糕P.156
	寿司醋汁P.181
	台式泡菜腌汁P.184

酒类

白酒	酥炸透抽佐草莓莎莎酱P.69
	酥炸鲜鱼佐塔塔酱P.93
	青酱蛤蜊意大利面P.116
	辣味油醋海鲜沙拉P.119
	香辣番茄鲜虾笔尖面P.126
	白酒奶油酱P.224

焗烤奶油海鲜炖饭P.225
意大利肉酱P.283

米酒　大阪烧酱P.77
　　　广式香葱鸡P.100
　　　三杯酱P.103
　　　川味口水鸡P.108
　　　椒麻鸡P.110
　　　古早味肉燥P.155
　　　柳叶鱼甘露煮P.159
　　　蒲烧酱汁P.164
　　　家常酱汁P.167
　　　蒜泥酱P.170
　　　五味软丝P.179
　　　绍兴醉虾P.201
　　　照烧酱P.203
　　　凤梨树子酱P.206
　　　药膳酱汁P.208
　　　豆豉酱P.246
　　　红糖腌酱P.258
　　　糖醋排骨P.280
　　　糖醋里脊P.281
　　　果律虾球P.292
　　　BBQ烤鸡翅P.300
　　　椰汁咖喱酱P.309
　　　沙嗲酱P.312
　　　沙嗲肉串P.313
　　　唐扬炸鸡P.319
　　　韩式炸鸡P.322

味醂　甘露煮汁P.158
　　　蒲烧酱汁P.164
　　　南蛮司汁P.175
　　　照烧酱P.203
　　　日式凉面酱汁P.231
　　　酱烧腐乳汁P.234
　　　柴鱼味噌酱P.252
　　　芥末酒醋酱P.305

红酒　巴萨米克红酒酱P.196
　　　红酒蜜汁P.228

高粱酒　咸腌酱P.211
　　　　马告咸猪肉P.212
啤酒　啤酒腌汁P.214
清酒　蜜番茄汁P.217
绍兴酒　绍兴酱汁P.200
朗姆酒　橙香朗姆酒酱P.220

其他

白味噌　柴鱼味噌酱P.252
豆豉　　豆豉酱P.246
豆腐乳　酱烧腐乳汁P.234
　　　　黄金泡菜酱汁P.243
豆酱　　凉拌豆酱汁P.249
豆瓣酱　水煮酱汁P.112
　　　　干锅酱汁P.151
　　　　鱼香酱P.237
　　　　炸酱P.240
赤味噌　柴鱼味噌酱P.252
红糖　　红糖腌酱P.258
酒酿　　酒酿桂花酱P.255
甜面酱　炸酱P.240
鱼露　　椒麻鸡酱P.109
　　　　泰式凉拌酱汁P.261
　　　　暹罗虾酱P.264
　　　　椰汁咖喱乌龙面P.310

调和调味料

咖喱类

咖喱粉　　沙嗲酱P.312
泰式红咖喱　椰汁咖喱酱P.309

美乃滋类

丘比美乃滋　明太子焗烤酱P.296
美乃滋　　和风大阪烧P.78
　　　　　凯萨酱P.193
　　　　　果律酱P.291
　　　　　鲔鱼酱P.293
　　　　　蜂蜜芥末酱P.302
　　　　　芥末酒醋酱P.305
　　　　　明太子焗烤酱P.296

芥末类

山葵酱　芥末酒醋酱P.305
法式　　塔塔酱P.92
芥末酱　蜂蜜芥末酱P.302
　　　　芥末酒醋酱P.305
　　　　鸡尾酒酱P.324
芥末籽酱　啤酒猪脚P.215
黄芥末　　啤酒猪脚P.215

其他

七味　　柳叶鱼甘露煮P.159
辣椒粉　和风意式凉面P.232
　　　　炸鸡粉P.318
　　　　唐扬炸鸡P.319
五香粉　古早味卤汁P.315
沙茶酱　橙香烤肉酱P.299
芝麻酱　口水鸡酱P.107
　　　　香柠芝麻酱P.287
海山酱　古早味红糖肉P.259
番茄糊　黑胡椒酱P.128
　　　　意大利肉酱P.283
番茄酱　五味酱P.178
　　　　糖醋酱P.279
　　　　韩式炸鸡酱P.321
　　　　鸡尾酒酱P.324
辣椒汁　鸡尾酒酱P.324
虾酱　　暹罗虾酱P.264
韩式　　韩式醋酱P.173
辣椒酱　韩式炸鸡酱P.321